打造让孩子自主学习的住宅

[日]四十万靖 渡边朗子◎著 张贤◎译

清华大学出版社
北 京

北京市版权局著作权合同登记号　图字：01-2017-4040

图书在版编目（CIP）数据

打造让孩子自主学习的住宅 /（日）四十万靖，（日）渡边朗子著；张贤译. —北京：清华大学出版社，2018（2024.11重印）
ISBN 978-7-302-50001-8

Ⅰ. ①打… Ⅱ. ①四… ②渡… ③张… Ⅲ. ①住宅－建筑设计 Ⅳ. ①TU241

中国版本图书馆CIP数据核字（2018）第076804号

责任编辑： 徐　颖
装帧设计： 谢晓翠
责任校对： 王荣静
责任印制： 杨　艳

出版发行： 清华大学出版社
网　址： https://www.tup.com.cn，https://www.wqxuetang.com
地　址： 北京清华大学学研大厦A座　**邮　编：** 100084
社总机： 010-83470000　**邮　购：** 010-62786544
投稿与读者服务： 010-62776969, c-service@tup.tsinghua.edu.cn
质量反馈： 010-62772015, zhiliang@tup.tsinghua.edu.cn
印装者： 小森印刷（北京）有限公司
经　销： 全国新华书店
开　本： 165mm×230mm　**印　张：** 14　**字　数：** 121千字
版　次： 2018年6月第1版　**印　次：** 2024年11月第18次印刷
定　价： 59.00元

产品编号：066216-01

卷首语

提到“考上名牌初中”这个话题，大家首先会联想到什么呢?

“想要孩子考上名牌学校，应该让他们从小就上很多补习班，有条件的话请优秀的家教一对一指导。”

“全家都以‘孩子考上好学校’为最优先事项。”

“不仅寒暑假，就连大大小小的节假日也要让孩子好好学习。”

……

这样回答的读者，恐怕不在少数。由于受到“减负教育”政策的负面影响，公立中学的报考率直线下降，而以升学为主要教学目标的私立、国立中学的报考率持续呈饱和状态。

那么，面临“小升初”压力的小学生们在家里又是怎样学习的呢?

在几乎没有任何杂音的儿童房里，孩子一个人独自坐在写字台前，一边与睡魔做斗争，一边解答很多大人都束手无策的难题——这样的场景，应该会很容易浮现在各位的脑海中吧。

然而真相恐怕要让很多人大跌眼镜——上述情形在很多孩子成功考上名牌学校的家庭中是见不到的。

首先，这些家庭中并不会有哪个人因为升学的问题而绷紧神经。

相反，家人之间关系融洽，有说有笑。简单概括的话，就是家里洋溢着一种和睦的气氛。

更重要的一点是，在这些考上名牌初中的孩子中，几乎没有人是在自己的房间里对着写字台学习的。

——实际上，能够考上名牌初中的孩子的学习状态，和多数人想象的“伏案苦学”的情景相差甚远。

那么，到底是什么原因导致了上述的偏差呢？

在进行说明之前，我想先对自己所属的、开展了“孩子考上名牌中学的家庭”项目调研（这部分是构成本书的重点内容）的公司——eco-s corporation（现更名为Space of 5）做一个简单的介绍。

eco-s corporation是以“人与环境的共荣”为理念，面向住宅建造提供综合支持的咨询投资公司。本公司与庆应义塾大学共同开发了以“设计和先进技术融合”为目的的环境设计理论。在此基础上，我们通过实践来揣摩“通过五感去体会”的住宅建造方式。在日本，这是比较少见的、结合了大学和民营企业智慧结晶的例子。

当然，看到我们这样一家以住宅为主的咨询公司针对“孩子考上名牌初中的家庭”开展调研的话，很多人可能会认为“无非是从当下的初中升学热潮中看到商机，想收集‘为了让孩子成功考学应该怎样规划住宅布局’的相关资料罢了”。

实则不然，甚至可以说完全相反。

提到理想的家庭住宅，在我们的公司内部，有着非常明确的构想：

除了家庭氛围和睦融洽之外，还能够轻松地邀请亲戚朋友、左邻右舍来家中做客谈天，喝喝茶吃个饭，度过愉快惬意的时光。同时，这些和亲友近邻的交流也会给家庭成员们留下温暖的回忆——将这些要素融合在一起，便构成了我们理想的家庭住宅。

如果要举出具体例子的话，就像是动画片《海螺小姐》里全家人有说有笑共进晚餐，访客也能够轻松进出的家庭，或是电影《永远的三丁目的夕阳》中展示的、昭和年代那种“虽然很窄，但是一进门就感到开心”的住宅。

“二战”后，日本在住宅硬件技术方面取得了显著的进步。墙壁透风、隔音性差的房屋逐渐消失，厨房漂亮整洁、供暖设施完备、由密闭性好的单间构成的住宅已经成为理所当然的存在。

但是，在硬件设施不断优化的同时，人们却忽视了情感方面的一些重要元素。例如家人之间的和睦团圆，和附近家庭之间的沟通交流，等等。不考虑居住在里面的家庭的情感要素，只是一味地提升房屋性能的话，难道不是本末倒置吗?

为了避免这种情况发生，eco-s corporation在开展住宅设计时会着重解决以下课题:

能否为房屋的主人——生活在里面的家庭成员——提供舒适的环境;

如何增进家人之间的沟通交流;

能否让上门拜访的客人感到轻松随意;

如何实现和邻居间的和睦相处，并充分利用好周围的自然环境。

我们的目标是，通过现代房屋建造技术来实现“温暖人心”的住宅。

为此，有必要面向目前的住房环境有针对性地开展调研。特别是收集“住宅本身非常气派，但住户内部存在问题”的实际案例，作为探讨改善方案的基本素材。

这时，“孩子成功考上名牌初中的家庭”引起了我们的关注。

当下，“小升初”的考试让无数家长心急火燎。面对这种情况，社会舆论主要持批判性的态度。展开相关报道的媒体中，至少有一半是对这种现象加以讽刺。相信很多读者都在电视上看到过这样的画面：小学生们在新年期间仍然要在补习班留宿，脑袋上绑着印有“一定能考上志愿校”字样的头巾，埋头刻苦学习。

当下，提到孩子面临升学考试的家庭，人们往往会想象出这样一番场景——孩子一个人在全家采光条件最好的房间里闷头学习，其他的家庭成员为了不打扰他们，都安静地待在房子的一角，甚至连电视都不敢开。偶尔弟弟妹妹弄出一点动静，母亲马上会叉腰瞪眼地呵斥：“你哥哥（姐姐）在学习呢，别打扰到他（她）！”

这样的生活，既没有家人间的欢声笑语，也没有邻里之间的往来，更不会给家庭成员留下“温暖的回忆”。

因此，我们最先做出的假设是，如果针对“虽然孩子成绩优秀，但是全家人一天到晚只想着‘升学’和‘考试’，气氛紧张”的家庭开展彻底调查，可以从中提炼出当前社会家庭可能普遍面对的问题，同时更全面地掌握传统优秀住宅文化流失的程度。

我们通过各种渠道联系了居住在东京都内，孩子考上名牌初中的家庭。通过反复的交涉和确认，我们在取得家庭许可后登门参观，并且采访了包括孩子和家长在内的多名当事人，深入了解他们的实际生活。通过不懈的努力，我们已经采集到超过200个家庭的资料。

结果，我们不得不面对一个事实——在调研之初所做的假设，完全是错误的。

首先，我们拜访的“孩子考上名牌初中”的家庭，几乎全部都和“全家人对升学考试如临大敌”的场面无缘。甚至和一般的家庭相比，孩子和父母、兄弟姐妹之间的交流更为频繁，家庭成员的感情非常融洽。

另外，这些家庭还有着非常有趣且令人瞩目的共同点，就是“孩子不会一个人待在房间里做功课，而是会选择在母亲所处的起居室或是餐厅的桌子旁学习”。

成功考上名牌初中的“聪明孩子”，其实是在和“海螺小姐”一家相似的生活环境下成长起来的。最初，我们选择调查孩子考上名牌初中的家庭，是想将其作为实现“理想家庭”的反面教材。没有想到的是，这些家庭的真实情况却非常接近我们希望达成的目标。

为什么会这样呢？在本书正文中，我们会向大家一一解释。

不过在这里，有一个重要的关键词我想提前给出。

那就是“家庭团圆”，换而言之就是“沟通交流”。

希望各位在阅读正文之前，能够先把这个词记在脑海中。

本书会采取通俗易懂、图文并茂的方式，对孩子成功考上名校的11个案例家庭作出介绍，为各位读者详细分析家庭内部空间设置对孩子学习习惯的影响。通过对每一个案例的解说，向读者介绍这11个家庭具体的房屋平面图及空间结构，以及这些措施与孩子学习和生活的关系。

为了让孩子考上名校，上补习班、请家庭教师等措施，本身没有任何问题。但笔者也要在这里事先声明：本书并不是一本“仅仅打造让孩子学习考试的环境”的功利性书籍，而是从孩子成长的角度考虑，希望我们的家庭空间和内部氛围有益孩子身心健康，让他们成为真正的“聪明孩子”。因此，本书对于当下常见的房屋形式（独户、大户型、小户型等）均有涉及，为的就是让读者能够根据自己的实际情况，将案例中的经验应用到自己的家庭中。

在各类考试中，本书选择“小升初”也是有原因的。因为“小升初”其实是一项需要父母和孩子共同努力的考试，甚至可以说，在孩子的学习过程中，“小升初”是唯一一次整个“家庭”共同接受的考试。幼儿园入托、小学入学时，孩子只有几岁大，没有自己的意见，只是服从家长的选择；考高中时，虽然家长会向孩子提出建议，但事实上更多取决于孩子的学习成绩和考试名次。到了高考，很多孩子要么早就有了心仪的学校，非目标学校不去，要么受成绩所限，只能去一个力所能及的大学。

“小升初”则不同。这项考试的主体是小学六年级的学生，他们一方面有了相当程度的自我意识；另一方面还保持着强烈的“孩子气”，可以说是一个非常重要的“半熟”阶段。在做决定时，他们既希望表达自己的意见，又想从父母那里获得帮助。这是一个十分矛盾的年龄，也是孩子得以迅速成长的年龄。

正因如此，“小升初”考试的成败，学习是否用功，付出了多少努力，这是孩子自身的问题；而是否重视孩子、为孩子创造了怎样的环境，是父母的问题。双方缺一不可。本书的主旨，正是从儿童教育的角度考虑家庭环境的营造，并不仅限于“孩子小升初考试成功”这一个方面。

当然，本书的案例不可能面面俱到。然而无论是想考和案例家庭不同的学校，还是孩子在其他年龄段，都可以将案例家庭的共性作为重要的参考。因为，氛围温暖幸福、成员沟通顺畅的住宅，就是“培养聪明孩子”的住宅。而“孩子聪明的住宅”正是“理想住宅”的一个重要组成部分。

本书作者有两位，一位是四十万靖，也就是我本人；另一位是对eco-s corporation的调研提供支持的渡边朗子女士（时任庆应义塾大学大学院助理教授，现任东京电机大学未来科学部建筑学副教授）。本书第1章里的10个案例、第2章和第3章由我执笔，内容整合了我在过去6年间的田野调查结论，对案例家庭的实际分析，以及在此基础上关于“培养聪明孩子的住宅”的讨论。第1章“筑波大学附属中学”案例及第4章由渡边女士执笔，她是建筑学科的专家，会将最新的建筑设计知识和空间生命科学知识融入文章之中，以建筑专业角度讨论“如何打造能培养聪明孩子的环境”。

此外，在本书中作为案例出现的家庭，考虑到他们的隐私，登场人物均为化名，也有将数个家庭整合为一个案例的情况，请各位读者谅解。

最后，我还想说一点。

两位作者都不是无条件拥护“小升初”考试的人，希望各位读者阅读本书之后，不要以“考试”作为目标培养孩子。归根结底，我们的培养目标不是“考试成绩好的孩子”，而是“好孩子”。要不要接受“小升初”考试，要如何准备，是需要各个家庭自行考虑的事。我们只是以“小升初”考试为契机，分析成功家庭的案例，提出家庭成员密切沟通的重要性，让孩子在家中好好说话，好好吃饭，好好玩耍，当然也好好学习。“培养好孩子”在我们的传统文化中，本身就是家庭的责任。这也是我们最想传达给读者的。

如果这本书的内容能让各位读者感到有所收获，在教育孩子时有所帮助，那将是我们最大的荣幸。

目录

第1章

“聪明的孩子”是在这样的住宅中成长的!

考上名牌中学的11个学生家庭大公开

考上荣光学园中学的A同学的住宅

神奈川县/家庭成员4人（父母、A同学、弟弟）/两层独户

起居室的“乒乓球桌”增进家人间的交流！

大家能想象出拥有“驿站”的住宅是什么样的吗？

提到驿站，相信很多人会联想到古时候设立在城墙或者驿道上的那种驿站。

没错，我们所说的就是那种“驿站”。

成功考上荣光学园中学的A同学的家中，就设有两个“驿站”。而且，培养出A同学这样“聪明孩子”的秘密，就藏在家里的“驿站”中。

A同学的家位于神奈川县，住宅分上下两层。走进玄关后向右走，就来到了兼备厨房和餐厅功能的宽敞起居室（约33平方米）。进入房间后，首先映入眼帘的是摆在正中央的乒乓球台。

没错，就是货真价实、用于比赛的乒乓球台（长2.74米，宽1.525米）。说到这里大家应该已经开始感到奇怪了——谁家的起居室里会放个乒乓球台？

那么，A同学的家庭这样做，又是出于怎样的目的呢？

“通过乒乓球来改善备考期间孩子运动不足的问题。”

“通过乒乓球来促进备考期间因学习感到疲惫的孩子和家长之间的交流。”

按照一般的思维方式，可能会得到类似的答案。但A同学家的实际情况并非如此。当然，他们一家确实会偶尔打打乒乓球，但乒乓球台的主要作用并不在此。

设置乒乓球台的主要目的，是防止“孩子回家后无视起居室里的人，直接回到房间里，造成亲子间缺乏沟通”的问题，也就是发挥了“驿站”的“停留”功能。

话虽如此，但乒乓球台并不是物理性的路障。对A同学和他的家人而言，将球台作为“起居室万能用桌”，从多个方面发挥其用途，才真正实现了“驿站”的功能。

晚上，A同学（家中长子，就读小学六年级）从补习班回到家中，钟表的时针已经指向了8点。

“我回来啦！”

A同学从玄关走进起居室后，坐在乒乓球台前的椅子上，从包里拿出补习班发的习题和参考资料开始整理。

母亲站在起居室角落的开放式厨房里，一边跟A同学打招呼，一边准备全家人的晚饭。

结束一天的工作、比A同学到家早的父亲坐在旁边的椅子上，看着电视里的棒球比赛直播，时不时喝两口手中的冰镇啤酒。

比A同学小两岁、上小学四年级的弟弟坐在离母亲很近的地方，翻看着生日时家长给买的昆虫图鉴。他因为《甲虫王者》的游戏对昆虫产生了浓厚的兴趣，看书看得欲罢不能。

“儿子啊，今天在补习班上的是哪门课？”

见A坐在了自己的旁边，父亲开口问道。

“今天学的是数学。”

在厨房里切着菜的母亲跟着问了一句：“我听说最近中小学爆发了流感，你们学校还好吧？”

“我没事儿，不过班里有三个人请假休息了。”

A同学一边和父母对话，一边在乒乓球台上复习今天在补习班学到的内容。

“哎呀，那你可得好好吃饭，增强抵抗力。”

等到A同学复习完，母亲开始往乒乓球台上端晚饭。今天有A同学最喜欢的汉堡肉和黄油炒菠菜。

考上荣光学园中学的 A 同学的家（一楼、二楼）

一楼

看报纸的父亲

玄关

电视

房间

在这里学习的 A 同学

乒乓球台

驿站 1

厕所

母亲

收纳

在吃饭的弟弟

餐厅

厨房

驿站 2

收纳

浴室

楼梯

走廊

父亲的房间

弟弟的房间

床

书架

阳台

双亲的卧室

书架

放置课本和参考书等资料的桌子

A 同学的房间

床

二楼

A 同学可以站在楼梯上跟厨房里的母亲对话

起居室的“乒乓球桌”增进家人间的交流！

原本设置在厨房前的桌子现在用于摆放调味料。乒乓球台既是全家人的餐桌，也是A同学一边和父母对话，一边做功课的学习桌。

在白天，主要使用乒乓球台的人是母亲。她经常招呼周围邻居的太太们到家里喝下午茶。最开始邻居也纷纷提出疑问："为什么不用普通的桌子，而是乒乓球台？"但现在提到"A同学家的乒乓球台"，整个社区恐怕已经无人不知。来A同学家做客的邻居们也都习惯围着乒乓球台喝茶聊天，放松身心。

到了傍晚，A同学从当地的公立小学下课回家，也到了乒乓球台发挥本来作用的时间。学校里的小伙伴们背着书包和他一起走进起居室。

"妈妈，我回来了。"

听见A同学的声音，母亲从厨房里走了出来。

"回来啦！"

"阿姨好。"他的小伙伴们也一起向母亲问好。

“哎呀，今天来了好多小伙伴啊。”

不用去补习班的日子，A同学就和朋友们一起打乒乓球或者玩桌游。

“抱歉，我家孩子是不是在府上打扰？”晚饭时间来A同学家接孩子的家长已经成了一道日常风景线。

就这样，对A同学家人和周围的邻居来说，他们家的乒乓球台也是一个“驿站”，是交流感情的重要场所。

既然是乒乓球桌，自然会用来打乒乓球

除此之外，A同学家还有另外一个“驿站”。

那就是“楼梯”。

住宅的二楼是夫妻的卧室、父亲的书斋及两个孩子的房间。而A同学和弟弟上二楼的时候一定会路过厨房。这个结构是建造房子的时候母亲和设计师沟通的结果。这样一来，就可以避免孩子回家之后把自己关在房间里闭门不出而母亲毫不知情的情况发生。

“妈妈，我回来了。”

孩子们回到家里、准备上楼的时候，母亲可以跟他们搭话。

“今天在学校里有什么好玩的事情吗？”

“哎呀你的脸色不太好，不会感冒了吧？”

就算在厨房里做饭，也不会耽误和上楼、下楼的孩子们说话。

孩子们一回到家里就会和母亲说上两句，这么一看，母亲还真有点像把守驿站的门卫。

虽然A同学有时候也会在心里偷偷抱怨“妈妈真啰唆”，但是母亲对他嘘寒问暖，每天准备可口的菜肴，温柔招待同学们的慈爱，也深深地感染着他。

A同学生活在这样的一个家庭中，每天围绕着乒乓球台做作业，复习功课，吃饭聊天，时不时招呼小伙伴们来家里玩。他在小学毕业的时候，顺利地考进了神奈川县数一数二的名牌中学——荣光学园中学。

有了乒乓球台和厨房前的楼梯这两个“驿站”，A同学和父母的日常沟通交流非常充分，在家庭之爱的包围下，他在学习时能时刻保持良好的心态。这对他成功考上名牌中学起着至关重要的作用。

这里还要补充一句，虽然A同学的房间里也有写字台，但基本上只是用于放置教科书、习题集等资料使用。学校的作业，补习班的预习和复习，甚至在“小升初”考试备考这段时间内的学习，他都是一边和父母聊天，一边在乒乓球台前完成的。

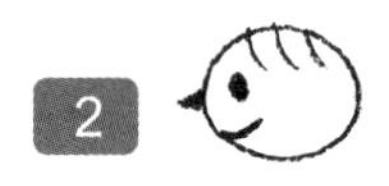

考上开城中学的B同学的住宅

东京都/家庭成员4人（父母、B同学、妹妹）/三层独户（4LDK*）

● 将儿童房变成家庭成员交流的场所

考上开城中学的B同学家的住宅，是一户位于东京都内、由房地产开发商负责建造和装修后直接出售的普通商品房。

一听到东京都内的独栋，不少人心里都会想“这家人可真有钱”。但实际上，他们家的房子是建在一片很狭窄的土地上的，建蔽率**刚好达标。

一楼是卫生间、浴室和收纳间，二楼是起居室兼餐厅。三楼则是夫妻的卧室和孩子们的房间。相对于其他

---

* 4LDK：“4”为独立房间的个数，“L”指起居室，“D”指餐厅，“K”指厨房。

** 建蔽率：指单层建筑面积与建筑基地面积的比值。为了城市安全、美观等，世界大部分地区均对土地建蔽率有所规定。——译注

房间，儿童房非常宽敞。B同学和妹妹的感情很好，连写字台也是挨在一起摆放的。

实际上，起居室在二楼、儿童房在三楼的这种构造，从一般的“培养聪明孩子”的角度来看，已经亮起了黄灯。

作为本书后续章节中会反复强调的内容，笔者认为从儿童教育方面来看，对于正处于青春期的孩子，尽量不要让他们一个人待在父母看不见的房间里。让他们在能够和父母交流的空间里学习或者玩耍，是更积极和聪明的做法。

看到这里可能有读者要问：“这样说来，B同学和妹妹的房间都在三楼，不会出现孩子自闭的情况吗？”

请各位不要担心。因为B同学的家庭，是把儿童房本身作为“全家人欢聚”的场所来使用的。

最初的契机，要从有一次母亲到儿童房里查看B同学做功课的事情说起。

担心面临“小升初”考试的儿子有没有好好坐在桌

前用功，B同学的母亲在晚餐过后走到三楼，进入孩子们的房间里。

“让我来看看，功课做得怎么样了？”母亲一边问，一边拉过妹妹的椅子坐在B同学旁边。

没想到母亲刚坐下，背后就传来了妹妹的声音。

“妈妈快起来，这是我的座位。”

你看，这下妹妹就有怨言了。

不能占着女儿的位置，又在意儿子有没有好好学习……这可怎么办好呢？

“我想到了一个好办法。”

母亲眉头一皱，计上心来。

令人大吃一惊的是，B同学的母亲竟然搬来自己的矮脚桌放在了儿童房里。当孩子们在房间里学习时，母亲也坐在矮脚桌前做针线活或者读书，时不时地看看儿子的学习情况。

“妈，你在这里很碍事呀。”

B同学最初也会抱怨，但过了一周之后，很快就适应了学习时房间里“多了一个人”的情况，甚至在遇到难解的问题时主动向母亲请教。比起家长隔三差五进入房间里看他，现在的这种状态反而让B同学感到更加放松。妹妹也不用再担心自己的座位被母亲“占领”。

这个案例至此并未结束。反而应该说，母亲对儿童房的“改造”才刚刚起步。

除了矮脚桌外，母亲竟然又将电视、收音机等原本放在起居室里的物件搬进了儿童房。除了吃饭和做家务以外的时间基本上都待在这里。哪怕孩子们不在房间里，母亲也已经习惯在儿童房度过休闲时光。

这样一来，父亲的行动也随之发生了改变。

父亲出于工作原因，回家比较晚。回家之后，他会在二楼的起居室一边和母亲聊天一边享用晚餐。等到B同学的学习时间差不多结束的时候，父亲拎着公司

考上开城中学的B同学的家（三楼/局部）

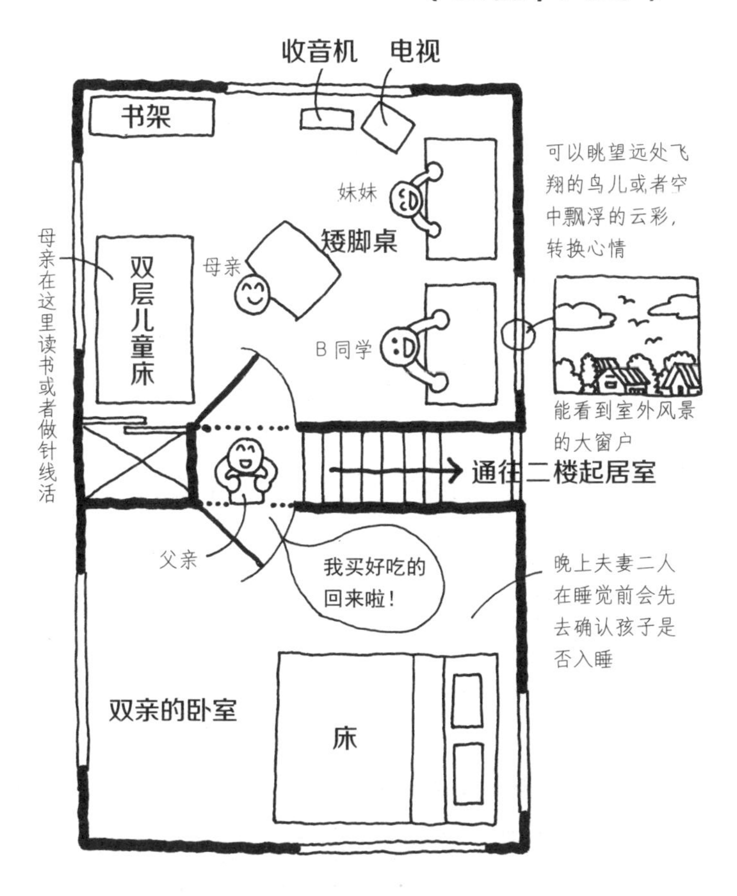

不知不觉间，三楼的儿童房竟然变成了起居室！

附近有名点心店的泡芙和母亲一起上到三楼，敲开孩子们的房门。

“儿子，怎么样啊？功课做完了没？”

“嗯，差不多了。”

“是吗？那过来一起吃点心吧！”

“哇，有泡芙吃啊！”

“我跟你说，这家店的泡芙可好吃了。”

就这样，B同学和妹妹的房间渐渐成了全家人欢度时光的场所。原本二楼是起居室兼餐厅，现在只剩下了餐厅的功能，起居室的地位由三层的儿童房接任。

儿童房的旁边是夫妻的卧室。

等到B同学学习结束，全家人共同度过一段轻松时光后，B同学的父母可以在孩子们睡觉之前过来道晚安。

B 同学可以透过朝南的窗户眺望远处天上的云彩或者飞翔的鸟儿来转换心情。在他身后，母亲坐在矮脚桌前边喝茶边看电视。
你学你的，不用管我。

对B同学而言，在父母的“晚安”声后钻进被窝进入甜美梦乡，已经成为生活中必不可少的一环。

此外，在B同学家的儿童房（准确说来是“前儿童房”）南侧的墙上，有扇采光很好的大窗户。幸运的是，住宅的四周没有很高的建筑物，所以即使是住在东京都内，B同学一家也能享受到窗外的蓝天。

在“小升初”考试的备考阶段，每逢周六日，B同学都会从上午开始就坐在房间的窗前学习，学累了的时候就停下笔，透过窗户眺望外面的景象来转换心情——远处的云彩好像小狗的形状……哎呀，那两只鸟好大，好像是鸬鹚？它们是准备飞往哪里呢？风儿带着在附近公园玩耍的孩子们的嬉笑声，轻柔地送进耳朵里。

望着窗外天马行空遐想的时候，听觉也会完全打开。这样一来，紧张的精神可以得到很好的放松。这是B同学常用来转换情绪的办法。

原本可能会导致孩子青春期时家庭关系出现裂痕的儿童房房型，伴随着父母的行动发生了本质性的改变。如果将每一位家庭成员都看作是一辆公共汽车，那么B

同学的房间就像是能够调度各路车辆的公交枢纽。

儿童房“变身”为起居室，成为全家共度时间的场所。在这里，家人们畅所欲言，相互交换彼此的见解，不断地给父母和孩子同时带来新鲜感。对B同学而言，每一天都像是家庭旅行。望着窗外的风景，一家人在谈笑中度过晚间时光，对于明天的景象充满期待。

就这样，B同学的“家庭旅行”到了一处“风景优美的观光点”—— 他成功考上了开城中学，一所无数学子挤破头都想进入的超级名牌中学。

考上庆应义塾初中部的C同学的住宅

东京都/家庭成员4人（父母、哥哥、C同学）/两层独户（5LDK）

● 根据一天的心情自由选择学习场所的“游牧民式”学习方法

C同学一家住在位于东京城南区的一处新建的5LDK住宅中。

他的父母将儿童房布置在了二楼朝南、采光很好的位置。在搬入新家之前，C同学一直和大他4岁的哥哥挤在一间屋里，这次终于有了属于自己一个人的房间。

考虑到C同学已经升入小学六年级，为了让他能好好迎接“小升初”的考试安心学习，父母把家中位置最好的空间留给了他，想必C同学也很喜欢待在自己的房间里吧？

出乎意料的是，C同学并没有闷在儿童房里学习，而是会像游牧民一样，自由自在地在家中选择学习的场所。

看到这里肯定有人会不解，为什么C同学不愿意待在自己的房间里呢？那里采光好，空间大，而且足够隐私，可以说是理想的学习室。

笔者在采访时也提出了同样的疑问。

“嗯……怎么说呢。虽然写字台很宽敞，但是椅子太硬了，坐久了不舒服。”

“那换一把椅子不就好了？”

“……其实也不只是这一个原因。有了属于自己的房间后我才发现，一个人孤零零地待在房间里挺不开心的。”

“咦，是这样吗？”

“是的，总觉得静不下心来。只有一个人的时候反而没法集中精力读书学习。”

“那你喜欢在哪儿学习呢？”

“嗯，首先是一楼的和室。”

C同学家的住宅，一楼是起居室兼餐厅，一家人除了在这里用餐之外，还会聚在一起谈天说地，沟通感情。

紧挨着起居室的，是一间10平方米左右、铺着榻榻米的和室。这个房间装有日式落地拉门，推开后可以看到外面的庭院。和室的角落里摆着小小的五斗柜，中间放着一个过去常见的圆形矮脚桌。

这个矮脚桌是C同学心目中最佳的学习场所。

“不知道为什么，在这个矮脚桌旁学习特别能集中精力。”

而且C同学不会选择固定的位置学习，而是根据当天的心情，改变坐的地方。

“因为矮脚桌是圆形的，所以绕着一圈坐哪里都行。

考上庆应义塾初中部的C同学的家（一楼/局部）

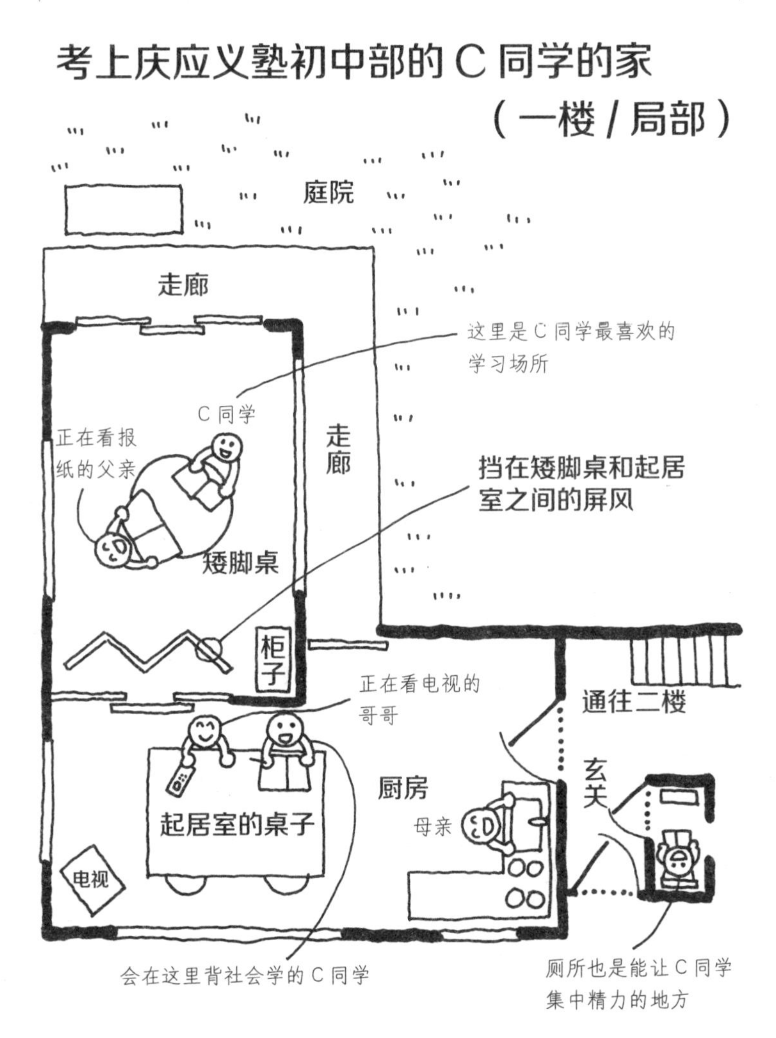

在家里自由地选择学习空间的"游牧民式"学习法

坐在这边的话就能看见外面的风景，坐在那边的话可以看到起居室。稍微改变一下角度，甚至可以看到起居室角落里的电视。坐的地方不同，看到的东西也就会相应发生变化，可以用来转换心情。”

不仅如此，因为这个矮脚桌离起居室很近，可以让C同学在很近的距离内感受到家人的存在。

到了休息日，C同学坐在矮脚桌前学习，父亲则会坐在他旁边看报纸或杂志。纸张翻动的声音和父亲喝茶时发出的轻微响声让他感到特别安心。

晚饭后，C同学继续回到矮脚桌前学习，哥哥开始在起居室里看足球比赛直播。这个时候他会把放在和室一角的屏风摆出来，挡在矮脚桌和电视之间。见状，哥哥和爸爸妈妈也能察觉到“C开始学习了”，便把电视的音量调小。这种贴心的小举动又让他感到很温暖。

对C同学而言，家里学习的空间不止这一处。

“你还会在哪些地方学习呢？”

“背社会学的时候，我会选择起居室的餐桌。坐在那里会觉得很平静，有利于提高背诵的效率。”

“咦？妈妈在旁边不会让你分心吗?”

“不会，她时不时跟我搭几句话，反而更容易让我集中精力。”

此外，C同学还会在浴室和卫生间看参考书或者做习题。

“那你房间里宽敞的写字台怎么办？”

“嗯，平时用来摆放东西挺方便的。毕竟平时都会选择在其他地方学习。”

看来写字台变成了一个高价的储物场所。

C同学报考的学校是庆应大学的附属初中。因为父亲也是庆应大学毕业生，所以他从小就时常听父亲讲起在学校里的种种见闻，非常憧憬这所名门学府，也顺理成章地将它作为自己学习奋斗的目标。

吃完饭，C 同学坐在矮脚桌前学习，父亲在一边看报纸。
屏风另一侧的起居室里，哥哥正在看电视。

满怀理想的C同学通过“游牧民”的学习方式不断取得学业上的进步，最后成功地考上了庆应大学初中部。

● 流淌在年轻血液中的基因

本书日文版的编辑Y先生也是庆应大学毕业的。他平时需要校对修改稿件，偶尔还要自己动笔。本应长时间伏案工作的他，对着编辑部里的办公桌无论如何都没办法集中精力。

对他而言，最能够集中精力办公的场所其实是深夜或休息日的家庭餐厅。

喝着可以无限续杯的咖啡，把邻桌客人的谈话声作为背景，Y先生在这种环境下能够发挥出惊人的工作效率。在编辑本书的过程中，他也经常往返于数个家庭餐厅之间，真可谓是“游牧民”风格。

从Y先生到C同学，看来这种“游牧民”的基因还会在庆应男孩的血液中继续流淌。

4 

考上麻布中学的D同学的住宅

埼玉县/家庭成员4人（父母、姐姐、D同学）/两层独户（3LDK）

● 亲手制作“移动型写字台”，可以在家中任何场所学习

D同学家住在邻近东京的郊外，是一户老式木质结构住房。

这栋房子建于20世纪70年代，他姐姐出生的那一年，房子刚好落成。所以，住宅里既没有地暖设施，也没有欧式风格的厨房，更没有双层铝合金门窗和飘窗，属于很典型的“传统型”日式建筑。D同学和姐姐的年龄差距很大，两个孩子要如何相处也是父母需要面对的问题。

从内部结构上看，他们家的房子也没有现代风格建筑中常见的宽敞房间。一楼的厨房兼餐厅只有不到10平

方米。旁边是一间用木质日式拉门隔开的起居室，同样仅有10平方米左右。除此之外，D同学和姐姐分别有自己的房间，父母的卧室则在二楼，是传统日式建筑结构的普遍设计。

在这栋20世纪70年代典型的独户型住宅里，D同学是怎样学习的呢？

带着这个问题，我们先来到了一楼D同学的房间。这是一间南向、面积约7.5平方米的榻榻米和室。一进屋我们都被吓了一跳——写字台上考卷和教科书摊得乱七八糟。男孩子粗心大意一点倒是无所谓，但是这样就没法在写字台上学习了。

那么，他平时到底在什么地方学习呢？

D同学给出的回答非常出人意料：“我自己做了一个移动型书桌，可以在家里任何地方学习。”

“移动型书桌”并不是什么复杂的装置，只是把一张在收纳室里找到的圆形桌板放在箱子上而已，就是这么简单。

考上麻布中学的D同学的家（一楼）

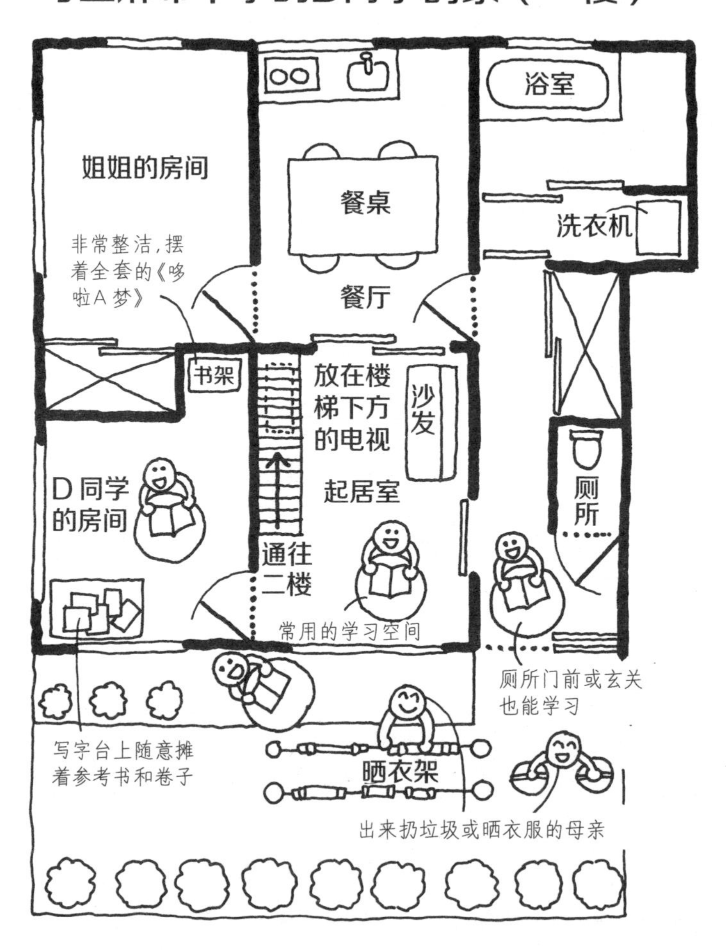

通过自制的“移动型书桌”可以在家中任何场所学习

因为桌板是圆的，所以朝哪个方向坐都可以。D同学会根据当天的心情，把这个“移动型书桌”搬到家中任意一处他喜欢的地方。天气好的时候，他甚至会把箱子和桌板搬到院子里的树阴下面学习。

乍一看D同学好像是随机选择学习场所，但是在和他母亲沟通之后我们发现，他的行为其实有规律可循——他选择的学习场所，其实是跟着母亲日常生活中的移动路线而改变的。

比如：

① 母亲坐在沙发上看电视时，D同学在沙发旁边学习；

② 母亲出去倒垃圾时，D同学在玄关的走廊里学习；

③ 母亲在院子里晾衣服时，D同学在晾衣架附近学习。

……依此类推。

“一开始我也训过他，嫌他妨碍我做家务。”母亲回忆道，“但是过了一段时间我发现，孩子是刻意选择在我活动的地方，在能看到我的地方学习的。”

之后母亲不再教训D同学，反而会时不时地跟他搭话。

“功课做得怎么样啊？”

“妈妈好啰唆啊。没看见我正在集中精力学习吗？”

见D同学鼓着腮帮子抱怨，母亲便会耸耸肩膀：“好吧好吧，那妈妈去做饭了不打扰你。”

虽然D同学会在嘴上抱怨，但从实际行为来看，其实心里还是希望能在母亲身边的。

此外，虽然他会把课本、参考书等资料在写字台上摊成一片，但他的房间里却有一处收拾得非常整齐的地方。

那就是书架。和写字台上的景象截然不同，上面整整齐齐地摆放着图书。而且这些书的书脊颜色大多很鲜

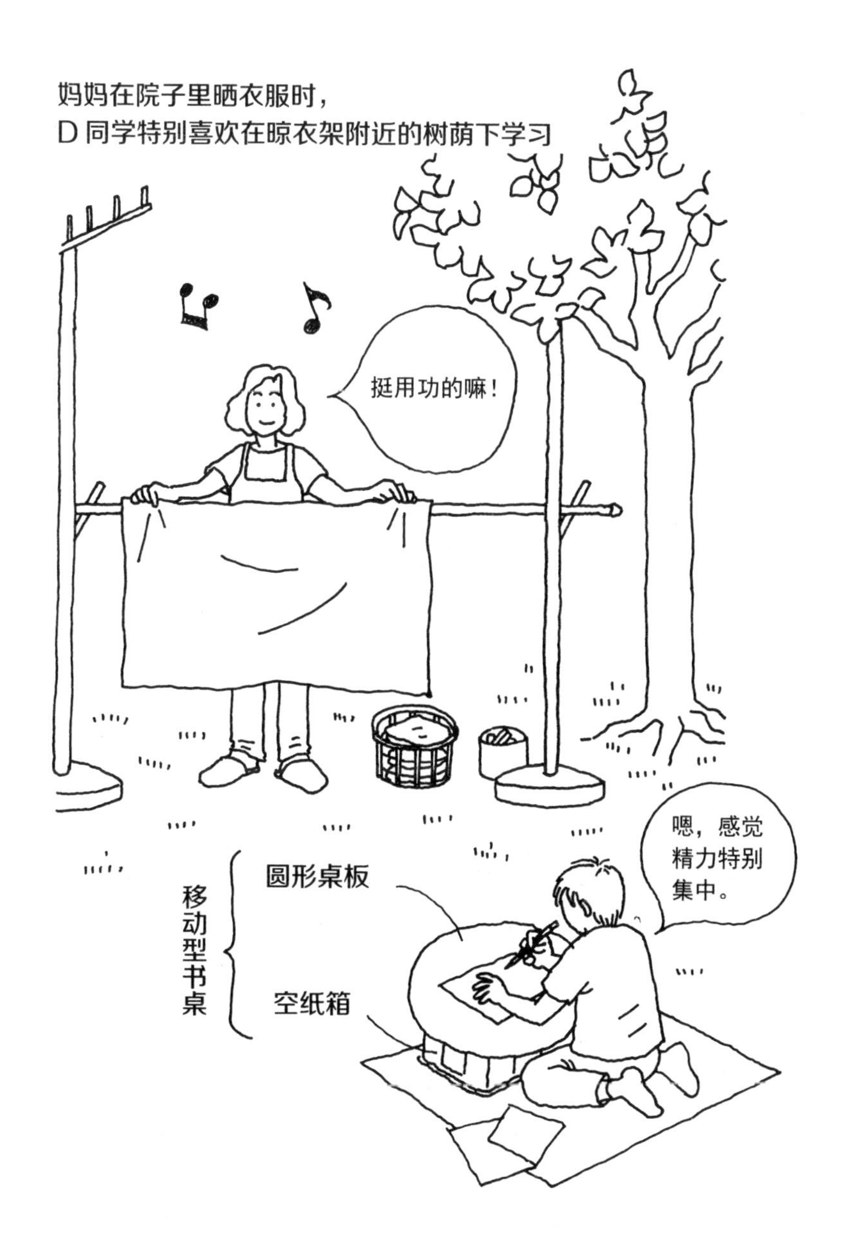
妈妈在院子里晒衣服时，
D 同学特别喜欢在晾衣架附近的树荫下学习
挺用功的嘛！
嗯，感觉精力特别集中。
移动型书桌
圆形桌板
空纸箱

艳，走近观察，发现是从第一卷起、按顺序排列的整套《哆啦A梦》和《名侦探柯南》。

D同学可以随心所欲地把家里的任何地方改造成自己的学习场所。无论是餐厅、起居室、庭院、走廊、厕所还是浴室，对D同学来说都是“属于我的空间”。而“移动型书桌”是促成这种学习方式成为可能的关键，简直像是哆啦A梦口袋里掏出的万能道具一样。

D同学充分利用这个“万能道具”，成功考上了第一志愿麻布中学。

推荐《哆啦A梦》

麻布、开城和武藏中学一直以来都是众多孩子向往的三大名校。其中麻布中学以自由开放的校风而闻名，在校生们个个充满了好奇心，富有创造力。

大家知不知道，以麻布中学为目标努力的孩子，他们的必读书是什么？

据知名补习班的老师说，他会建议准备报考麻布中学的学生阅读全套《哆啦A梦》。不止D同学，很多考上麻布中学的孩子都十分喜欢《哆啦A梦》。或许《哆啦A梦》中充满创造力的发明想象与这所中学自由开阔的校风有着很多共同之处。

5 

考上费丽斯女子中学的E同学的住宅

神奈川县/家庭成员4人（父母、E同学、妹妹）/三层独户（2LDK）

● 三层高、带有楼梯井的住宅，充分传递家人的“声音”

E同学一家住在横滨市郊外，一栋带阁楼的三层木质结构建筑中。

比起男孩，女孩会把房间收拾得更加干净整洁，E同学家也不例外。上小学六年级的她和上三年级的妹妹都能把房间打理得井井有条。

要说这栋住宅最有特色的地方，还是贯通一楼到三楼的楼梯井。

一楼是卫生间、浴室和收纳室，二楼是起居室、餐厅和厨房，三楼则是父母的卧室，以及属于E同学和妹妹的共用儿童房。儿童房位于阁楼上，并装有用于攀爬的楼梯。

此外，在住宅南侧、坡度很大的屋檐上安装的天窗，可以让室外的自然光线顺着三楼、二楼、一楼的顺序依次照亮室内。不仅如此，无论家庭成员在房子里的哪个地方，都可以感受到彼此的存在。

开放式且重视家庭成员间彼此牵绊的空间设计，是E同学家“培养聪明孩子”的关键所在。

在城市内有限的土地上建造房屋时，为了增加面积而建造三层住宅或者设置阁楼的做法比较常见。但是，安装楼梯井的例子实属罕见。因为住宅内一旦有了楼梯井，就意味着必须牺牲二楼和三楼的一部分空间。如果只从增加房间数量或者扩大房间面积的角度去考虑，恐怕不会选择这种做法。

但从另一方面来看，如果三层建筑的每一层都被独立分隔开，很可能会出现某个房间遭到“孤立”的情况。在家庭内部沟通交流方面，这类住宅有一定的缺陷。

考上费丽斯女子中学的E同学的家（一楼、二楼、三楼）

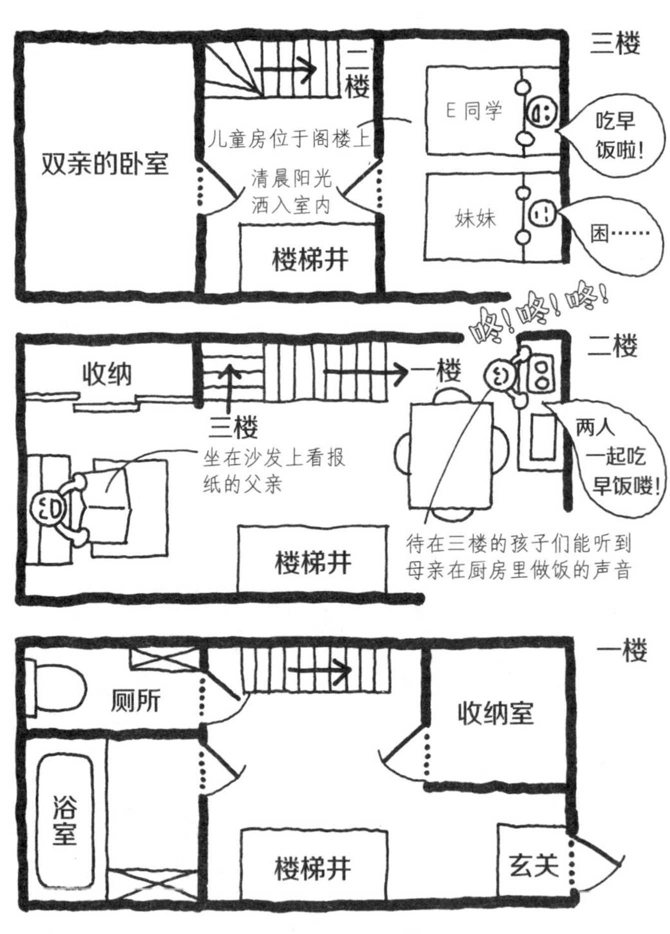

通过楼梯井充分传递家人的“声音”

本书多次提到“培养聪明孩子”的重要条件，很重要的一点是“让孩子在家里能够和其他家人进行充分的交流”。因此，在探讨住宅结构时，比起关心面积宽敞与否，更希望各位优先考虑家庭成员之间的沟通便利性。E同学家就是一个很好的例子。

我们在一个清早拜访了E同学一家。

每当清晨的阳光透过天窗洒进室内，这个家庭便开始了一天的生活。

在自然光线柔和的照射下，E同学和妹妹不需要闹钟便可以主动醒来。

母亲在二楼厨房准备早餐的声音传入E同学的耳朵里。与此同时，煎锅里黄油散发出的香味顺着楼梯飘了上来，让她感到心情愉快。

“嗯……今天的早餐是煎蛋饼吗？”

被美味吸引了注意力的E同学利索地从床上爬了起来。打开窗户，新鲜的晨风拂面而来。她忍不住深深地吸了一口早晨清新的空气。

“你也赶紧起来吧，吃饭了吃饭了。”E同学掀开妹妹的被子，姐妹俩一前一后地走下楼梯，来到二楼的餐厅里。

“赶紧吃饭，当心迟到哦。”

洗漱完毕的小姐妹在母亲的催促声中坐到餐桌前，和父亲一起享用早餐。

“我们出门了！”

“E你今天要上补习班吧？”

“是的，所以妈妈别太早准备晚饭哦。”

“知道啦，赶紧出门吧。”

就这样，E同学一家四口每日清早都是自然地醒来，自然地吃早饭，自然地谈话交流，并且已经养成了根深蒂固的习惯。

伴随着清晨的阳光，鸟儿的鸣叫传进耳朵里。同时也能听到母亲在楼下准备早餐的声音。一日之计始于“声”。

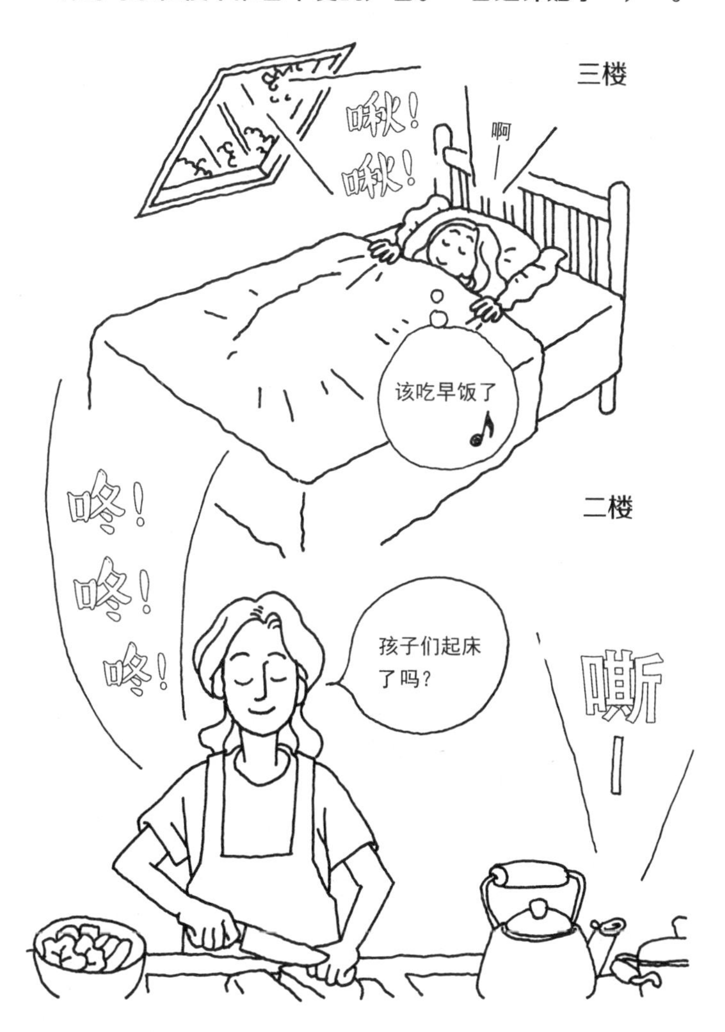

用母亲的话说，楼梯井虽然让房子的面积变得相对狭窄了一些，但是“声音”可以流畅地传递，让人们轻松地感受到其他家人的存在，知道谁在什么地方。所以她认为当初安装楼梯井是一个非常正确的决定。

当下，住宅建造技术一味追求密闭性、隔热性、上下层的隔音等，特别强调如何削弱人们发出的“声音”。这样做确实有其效果：目前我们的住宅环境变得越来越“安静”。

但是从“培养聪明孩子”的角度来看，家长不需要过度追求“安静”的生活空间。E同学家的例子能够很好地体现这一点。

● 您知道“FMK”吗?

可爱的孩子升上初中之后，个子会一口气长高。看着日益成长的孩子，家长们既觉得开心，又会感到有些寂寞。

在这段成长期里，孩子身上会有各种各样的改变。尤其是男孩，他们连日常语言都会发生明显的变化，而“FMK”就是其中的代表。

可能有人要问了，FMK是什么？

F=“洗澡”、M=“吃饭”、K=“零花钱”。完整表示的话，就是：

“老妈，我要洗澡！”
“老妈，我要吃饭！”
“老妈，给我零花钱！”

不久之前还追在母亲后面叫“妈妈”的小学生，升上初中后不但个子长高，声线变粗，连日常的称呼都会跟着改变。如果是正值青春叛逆期的孩子，甚至会直接喊母亲“老太婆”。

“这种变化真让人难以接受！”

很多母亲为此伤心不已。的确，孩子叫妈妈“老太婆”实在太过分了，应该严肃地给予批评纠正。

但是在这里，笔者想提醒各位，升上初中后语言变得“粗鲁”起来的男孩子，其内心可能和外在的表现完全相反——虽然身高蹿得很快，但内心依旧是个孩子。而且男孩的成熟期本就较晚，和同龄的女孩相比，大多数男孩的心理年龄都会小上两岁左右。

在青春期的影响下忍不住装成熟，不知道该如何与家长沟通，但还是希望父母能够关注自己，这种复杂情绪最终的外在体现，便是“FMK”。

究其根源，“FMK”原本是父亲经常对母亲说的话。

“喂，我要洗澡！”
“喂，饭好了吗？”
“喂，给我点钱！”

从最后一句话倒是可以看出，父亲赚的工资基本都给了母亲。

在丈夫还被称为“老爷”的时代，上面的情况简直是家常便饭。

读到这里，恐怕有些男性读者要感到头疼了。但日常生活中，一不留神就做出“FMK”发言而遭到妻子埋怨的丈夫其实不在少数，对孩子也会造成相应的影响。如果现代的“消音”技术，能够把儿子和丈夫的这些“违心”发言全都吸收掉，不传进母亲和妻子的耳朵里就好了。

6 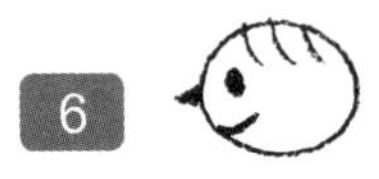

考上筑波大学附属驹场中学的F同学的住宅

千叶县/家庭成员5人（父母、F同学、弟弟、妹妹）/两层独户（3LDK）

● 舍弃儿童房，在起居室里睡觉和学习

当孩子升上小学三四年级的时候，很多家长就需要认真思考“小升初”考试这个现实问题了。F同学的父母也是一样，他们希望能给F同学营造一个可以集中精力学习的环境。

在他们一家搬入新居后，父母的愿望终于得以实现。他们决定把二楼采光最好的单间布置成F同学的房间。

写到这里，想必大家心里都已经浮现出了十分具体的景象：位于二楼、采光好、独立的单间……没错，大多数孩子都是在这种“乍看之下条件良好”的房间里学习的。

当时正值小学三年级的F同学也遇到了同样的情况。不过与别人家的区别是，F同学回到家里后，基本上不会待在二楼自己的房间里。

饱含着父母的关爱、全家硬件设施最好的孩子的房间，却因为房间主人的搁置，变成了一处全然没有生活气息的场所。

话虽如此，F同学并没有放弃用功。

那么他到底是在什么地方学习的呢？

答案是“一楼起居室正中央的大桌子”。

每天早晚，全家人都会在这里一起用餐，距离厨房很近的餐桌同时具备“F同学的写字台”的功能。

在17平方米大的起居室里，餐桌几乎占据了一半的面积。餐桌上除了5名家庭成员就餐的空间之外，还摆着一些和吃饭毫不相干的东西。例如地球仪、历史年表、补习班发的资料等，基本上都是F同学的。不仅如此，他还把原本放在二楼儿童房里的书架搬到了起居

考上筑波大学附属驹场中学的 F 同学的家（一楼 / 局部）

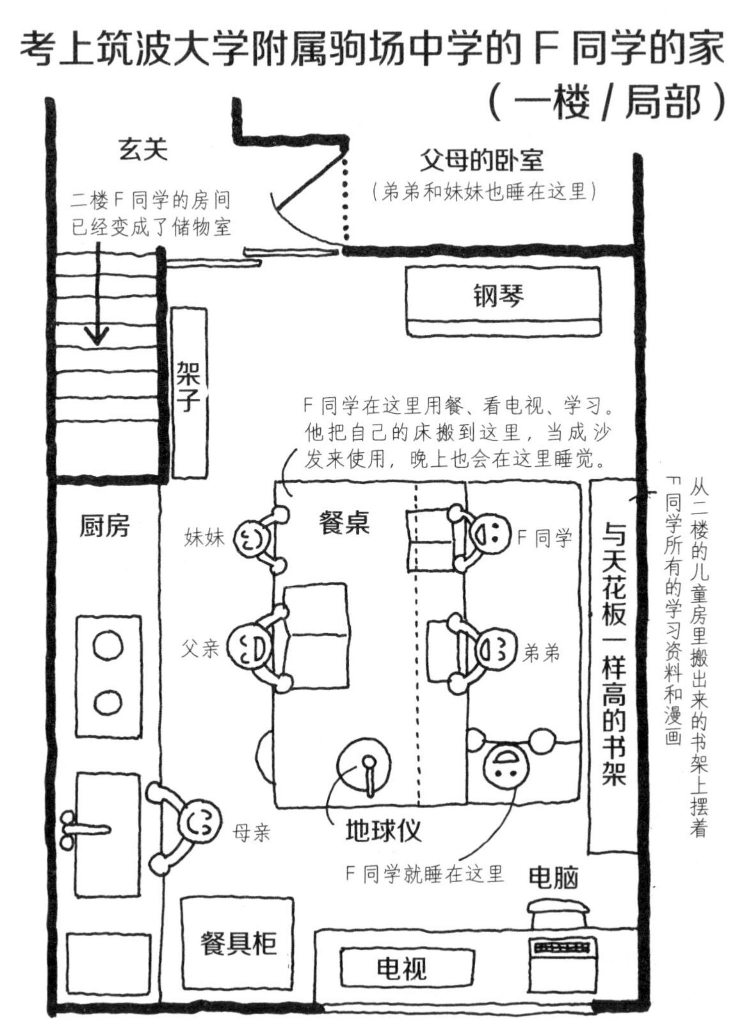

"住在"起居室里学习

室，用于摆放自己的参考书和习题集。

对于F同学的这种举动，母亲一开始自然是反对的：

“这里是大家吃饭的地方，你要学习的话就到二楼去啊！”

但是F同学依然坚持扩大自己在起居室里的“领地”。这样做的结果是，他的学习成绩有了显著的进步。通过在客厅的餐桌上学习，他和家人的沟通变得更为密切，这似乎给他的学业也带来了非常积极的影响。

那么晚饭后，F同学一家在餐桌旁又会进行怎样的对话呢？

这天，社会课上老师讲了“苏联解体”的内容。晚上全家人用餐过后，F同学一边在脑海中回忆刚刚记住的知识，一边开始了自己的“课堂”。

“爸爸，您知道苏联解体后分成了多少个国家吗？”

听到儿子这么问，父亲反射性地开始思考。

“嗯……首先是俄罗斯，然后有乌克兰、乌兹别克斯坦。其他的还有哈萨克斯坦，还有……哎呀，一下子想不起来了。”

“这可不行呀。”F同学略显得意地拿过旁边的地球仪。

“一共有15个国家。首先是俄罗斯，在这个地方；其次是……”

“有这么多啊？我还真没仔细数过。”

在这道问题上，父亲向儿子举起了白旗。

这个时候，母亲也加入了对话。

“哎，格陵兰在这里吗？怎么比平时在地图上看到的小不少啊？”

F同学转身看着母亲：“妈妈，普通的地图是按照

起居室成为家庭生活的中心
具有“海螺小姐”风格的住宅

墨卡托投影的标准绘制的，所以在邻近南极和北极的地方，国家的面积就会比实际上的看起来更大。”

“墨卡托……好像在哪里听说过。所以，格陵兰其实这么小的吗？我一直以为和非洲大陆差不多呢。”

“真是拿您没办法。”

F同学每天都像这样在客厅里学习，同时大大增加了和家人的沟通交流。他会运用当天在学校学到的知识给家人“讲课”，也会就不明白的问题向父母请教，自然地提高了学习的积极性，成绩也相应提升。

最开始持反对意见的母亲，现在也习惯了在客厅做家务时看到儿子在附近学习，甚至对此感到安心。

就这样，成为起居室“主人”的F同学开始进一步扩大自己的“领土”。

大家可能想不到在此基础上还能做些什么，毕竟他已经把学习工具搬到了餐桌上。起居室里还有电视、收音机和书架，可以提供休闲功能。此外，每天和家人的谈话对F同学来说，其实是最棒的“娱乐项目”。

这样看来，F同学能做的事情，就只剩下一件了。

除了吃饭、学习、休闲、和家人聊天之外，还有一个生活中必不可少的行为，那就是睡眠。

对于基本上已经把起居室当成“自己房间”的F同学而言，每天为了睡觉而回到原本位于二楼的儿童房变成了一件非常麻烦的事情。

于是，某一天，F同学终于把自己的床搬到了起居室里。

“妈妈，从今天开始我就在这儿睡了。”

然而母亲并没有轻易允许。

“不行，起居室不是睡觉的地方。而且不是专门为你准备了二楼的房间吗？睡觉还是要回到自己的房间去睡。”

“我不干。”

“为什么？”

“我喜欢待在这里。而且除了我之外大家都睡在一层，只有我一个人睡二楼，太不公平了！”

在F同学家里，一层起居室的隔壁是父母的卧室，还没上小学的弟弟和妹妹也睡在这里。所以，全家在二楼睡觉的就只有他一个人。

“只有我睡觉的时候要回二楼，一个人感觉很寂寞呀。”

在F同学半是央求半是耍赖的软磨硬泡下，最终，母亲同意让他把床搬进起居室，晚上在这里睡。就这样，起居室终于成了名副其实的F同学的“城堡”。

那之后又过了两年，升上小学六年级的F同学没能保住自己的“城堡”，晚上睡觉时还是会回到二楼的房间，但是除此之外（包含学习在内）的时间他依然会待在起居室里。他平时通过给父母“讲课”，积累了大量超过学校和补习班教授范围的知识，对他考上第一志愿筑波大学附属驹场中学也起到了非常积极的作用。

此外，F同学家里还有一条不成文的规矩，就是“早饭和晚饭尽可能全家人聚在一起吃”。所以对于他来说，起居室不但是属于自己的“城堡”，而且可以和家人一起用餐，谈天说地，增进彼此感情的重要场所。

F同学是“超级鲣男君”*吗？

笔者（四十万靖）至今对初中（庆应义塾中等部）时任教的英语老师——福岛老师在课堂休息时说过的一段话记忆犹新。

那时，对于电视里播放的家庭剧，我一直抱有一个疑问——为什么几乎所有家庭剧里都会有全家人一起吃饭的场景出现？一提到家庭剧，大多数人马上就会联想到就餐的情节，有的剧甚至把一家人围着餐桌吃饭的内容作为主体。

回答这个问题的，恰好是福岛老师。他在课间休息时和我们聊起了这个话题。

---

* 鲣男君是动画《海螺小姐》中，女主角海螺小姐的弟弟。——译注

“大家平时都看家庭剧吧？有没有发现里面总是会出现所有的演员在一起吃饭的场景？”

我想都没想就用力点了点头。看着我们的反应，老师继续说道：“看来大家都发现了。其实那是剧组为了节约经费想出来的办法。大家想想，只要有全家人一起吃饭的情节，就可以把所有演员凑到一起而不需要单独拍摄，对于剧组而言，可以有效地减少摄影和后期制作的时间，这样一来也能很好地控制成本。”

“原来如此，是这么一回事啊！”

我恍然大悟。那个年代的家庭剧中，收视率高、比较有代表性的有《杂居时代》《让人介意的太太》《不要叫我爸爸》《寺内贯太郎一家》……这几部作品中，全家人一起吃饭的场景都给观众们留下了深刻的印象。

但是现在回想起来，电视剧之所以这样拍，可能并不只是为了缩减经费控制成本。在我还是初中生的那个时候（20世纪六七十年代），一家人每天清早围在餐桌前吃饭的景象对每一个家庭来说，几乎是理所当然的。

进入21世纪之后，很多影视作品依然保留着20世纪六七十年代的“起居间文化”，其中的代表作无疑是《海螺小姐》。据我观察，里面每一集都会有全家人吃饭的剧情。

其实F同学的家庭和“海螺小姐”家一样，非常珍视传统生活中“全家人聚在一起吃饭”的优良传统。

甚至可以说，F同学的家庭在这方面已经超过了《海螺小姐》，毕竟他连学习和睡眠都是在起居室里完成的。就算是《海螺小姐》里的顽皮小子鲣男君，也不会睡在起居间里。

这样一想，说F同学是“超级鲣男君”也不为过吧。

7 

考上樱荫中学的G同学的住宅

埼玉县/家庭成员3人（父母、G同学）/租赁式公寓（2LDK）

● 实现了3X——【explore（探索）、exchange（共享）、express（表现）】的家庭

G同学是一个正在读小学六年级的女孩。她的家庭从很久以前就一直住在租赁式公寓里。因为是公寓，所以基本上没有多余的空间。走进玄关马上就能看到兼备餐厅功能的起居室，再往里就是儿童房。几乎没有走廊，每一个房间和起居室都仅仅是用一扇门来隔开的。

面朝起居室的话，可以看见正对面的房门上挂着“welcome”（欢迎）的门牌。那里便是G同学的房间。

打开房门，首先映入眼帘的，是一幅写着“心”的书法作品，出自G同学之手。

这里希望各位留意的是书法作品的摆放位置。

通常情况下，孩子的毛笔字（或绘画作品等）基本都会挂在紧靠着写字台的墙壁上。但是，我们从起居室里并不能看到G同学的写字台，却能一眼看见挂着“心”的墙壁。

其实这是G同学自己的主意。她通过书写的方法表现（express）出“心”，同时表达了她希望能和父母分享（exchange）的意愿，所以专门摆在了从客厅就能直接看到的位置上。

在客厅能看到挂在儿童房墙上的“心”字，恰恰象征着“虽然很窄但每一天都很愉快”的家庭生活。而家人间的“共享”意愿，体现在住宅内的多个地方。

比如书架——G同学房间的书架上，并不只有她一个人的书，父亲和母亲的书籍也一起摆放在这里。其中，不光有父母现在正在看的书，还有很多他们年轻时读过，并且希望今后女儿也能够阅读的作品。

父亲和母亲到女儿的房间里拿自己想看的书，女儿也会察觉到父母都看过哪些书，并且在好奇心的驱使下，从书架上取出来翻阅。就好像父母留下了“知识的脚印”，可以供女儿追寻一样。

“嗯……妈妈以前还看过这种小说啊？”

看着手中的书籍，G同学不禁对母亲的青春时代浮想联翩。就这样，书架变成了一个既能够刺激家人间对彼此的好奇心，也能够共同分享“知识体验”的重要场所。

父母没有把书本硬塞给女儿，而是自然地引发了她对家人的好奇心，主动拿起父母曾经阅读过的书籍，与此同时也满足了G同学自身的求知欲。

我认为，这恰恰是理想的家庭教育形态。

G同学一家居住的公寓非常普通，室内的房型结构平淡无奇。只看建筑结构图的话，很多人无法从居住环境的角度理解“为什么这个家庭能够培养出聪明孩子”。

考上樱荫中学的 G 同学的家

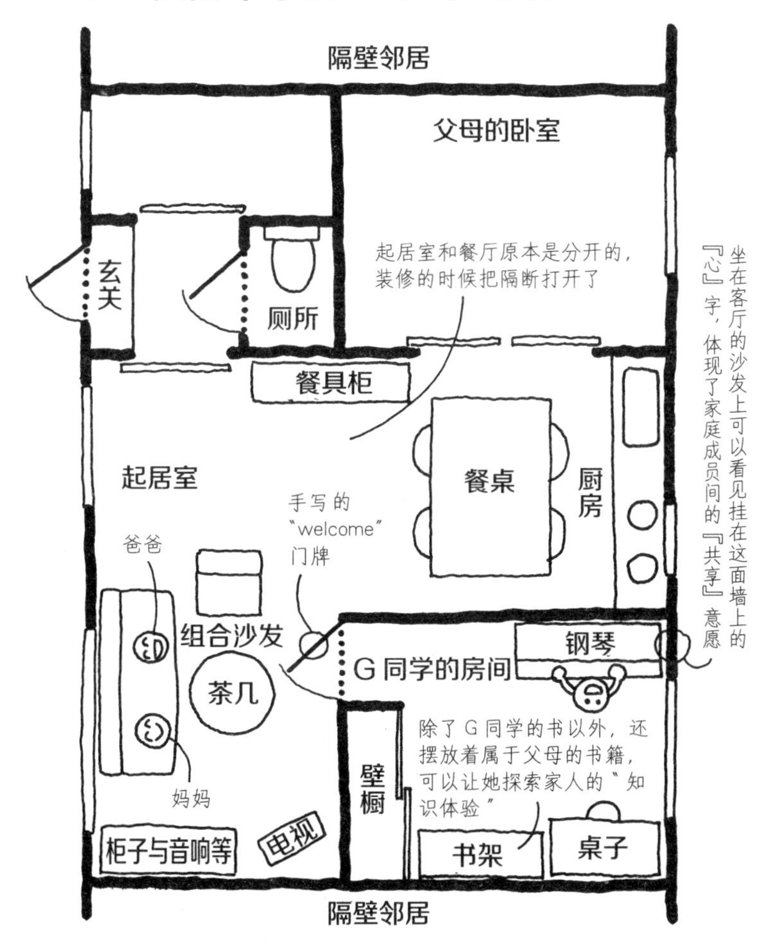

实现了教育上的 3X（探索、共享、表现）要素

explore ← exchange → express

但是，G同学用属于自己的方式表现（express）了她的意愿，并且和家人共同分享（exchange），与此同时还能够对于父母的“知识体验”进行探索（explore）。这样一个能够同时实现“3X”的家庭住宅，营造出了“培养聪明孩子”的理想环境。

就这样，G同学成功地收获硕果，顺利考入竞争率极高的樱荫中学。

● 建议家长多和孩子一起“涂鸦”

在一个以“母子交流”为主题的研讨会上，我获得了与很多母亲面对面沟通的机会。当问到“平时和孩子的沟通情况”时，不少人都表示“在家里经常跟孩子聊天”。

的确，“说”是沟通中至关重要的手段。从家庭教育层面上看，父母和孩子间的对话是必不可少的。但是从另一方面来看，对于还在上小学的孩子而言，仅仅语言方面的沟通恐怕无法获得家长心中期待的效果。

坐在起居室沙发上的爸爸和妈妈
能够看到“心”字

为什么会产生这种问题呢？原因很简单，那个年纪的孩子大多不具备和成年人同等的对话能力，再加上很多家长在孩子身上过分倾注的关爱，导致下面这样的“对话”处处可见。

“都跟你说过好多遍了，这种时候你得这么做……”

“今天学校里都讲了什么啊？”

“今天在补习班学了什么啊？”

请各位家长回想一下，在和孩子这样“沟通”的情况下，孩子是否大多沉默不语？

另一个和“说”同样重要的沟通手段，便是“写”。

这里说的“写”并不仅限于文字，还包含图画在内。这样一来，家长和孩子所处的条件就几乎是平等的了。比起大人，孩子们更善于通过写写画画的方式来直接表达自己的想法。

需要注意的是，不要过分纠结“写”这个沟通手段，郑重地准备一个专用的记事本，也许会给孩子带来压力。笔者建议采取“涂鸦”这种更为轻松的方式，例如在家里摆放一个小黑板，可以随时在上面写写画画。或者是在孩子还小的时候，培养他们养成制作“绘画日记”的习惯。

“涂鸦”有利于孩子更为直接明确地表达自身的感情，进而能够给予家长们新的启发。

8 

考上早稻田实业学校初中部的H同学的住宅

东京都/家庭成员4人（父母、哥哥、H同学）/两层独户（3LDK）

● 没有“单间”的家，就像“集体宿舍”一样

考上早稻田实业学校初中部的H同学一家住在一栋双层木造结构的建筑物中。这户住宅有一个非常与众不同的特点——在这里，你找不到“单间”。

一楼的一角是厨房。吧台式厨房的对面，是全家人一起吃饭的区域。位于一楼中间的，是非常宽敞的“起居间”。之所以使用“起居间”这个词而不用“起居室”，是因为这个区域的地板上铺着榻榻米，上面还摆着一个很大的圆形矮脚桌。

房间的另一边，是属于已经上大学的哥哥和H同学的区域。并没有用墙壁区隔出单间，而是用大型书架划分出兄弟二人各自的空间，分别摆放着他们各自的书

桌和床。书架被设计成从左右两边都能够打开放书的结构，兄弟二人也可以隔着书架进行对话。而立式屏风构成了这个区域的“围屏”。

室内的木造结构并没有用后期的装潢进行修饰，而是直接对外呈现。这里原本是在邻近森林的土地上建造的一处别墅。粗大的承重柱位于起居间的侧面。走过去一瞧，可以看到上面有很多划出来的痕迹，旁边还写着一些文字。

每天走近柱子，都可以发现上面的划痕

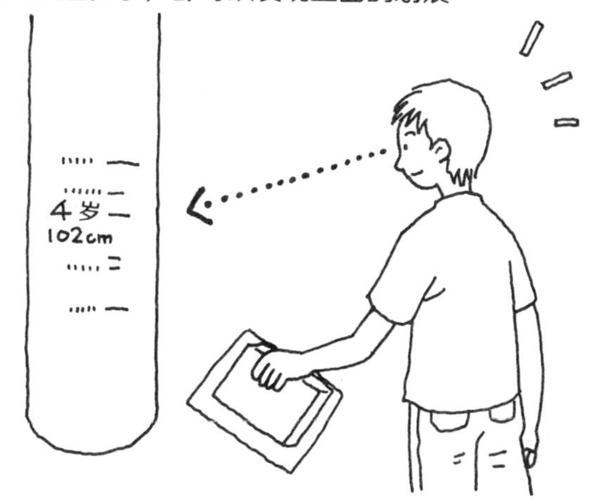

考上早稻田实业学校初中部的H同学的家（一楼/局部）

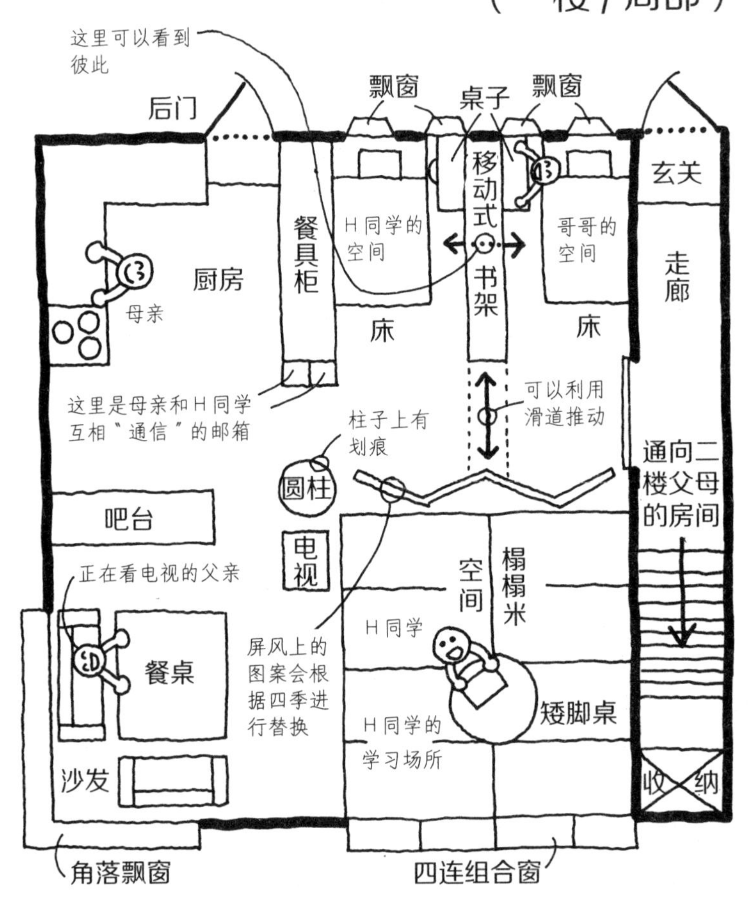

没有"墙"的家，每人都像"合宿"一样！

“19XX年○○（H同学的哥哥）12岁153厘米，
H4岁102厘米。”

哎呀，原来柱子上的“划痕”是兄弟俩的成长记录。过去，几乎每一户木造的住宅里都能够找到类似的印记。

接下来让我们来采访一下H同学吧。

“H同学，你最喜欢家里的哪一个地方呢？”

“邮箱！”

“邮箱？是门口用来接收信件的邮箱吗？”

“不是不是，”H同学边说边为我引路，“您家里没有这种‘邮箱’吗？”

在他的带领下，我们来到了放在厨房一侧的餐具架前。

“这个架了就是‘邮箱’。我和妈妈会把写好的信放在这里，等对方领取。”

没想到，H同学竟然每天和母亲进行“通信”交流。放学回家后，他会先回到自己的“小天地”里，拿出一张白色的绘画图纸，在上面用蜡笔和彩色铅笔来记述当天在学校里发生的事情，中间也会夹杂着小学生中流行的表情符号。

拿着写好的信，H同学走到餐具架前，发现上面放着一张蓝色的纸，发信人是母亲。她通常会在蓝色的纸上用白色的铅笔来写信。母亲白天出门上班，不会待在家里，“写信”是她和儿子进行交流的重要方式。

傍晚，母亲下班回家后，全家人会一起吃晚饭。之后就算H同学和哥哥回到自己的空间，一家人也能够在很近的地方感受到彼此的存在——对于H同学来说，哥哥就在书架的对面，而屏风的另一侧，父亲和母亲正待在起居间里。

用于区隔起居间和兄弟空间的屏风也很有特点。它使用了特殊材质，实现了一定程度的透光性，使两个孩子的空间光线不会过于昏暗。

为了能够让H同学更切实地感受四季的变化，母亲会按照春夏秋冬给屏风换上不同的图案。春天是樱花、夏天是大海、秋天是落叶、冬天是雪山，屏风上的图案年复一年按照同样的规律变换。直到H同学升上小学六年级的那一年，他偶然发现雪山下多出了一只小狐狸。小狐狸背对着阳光，脚下有一片黑色的痕迹。

小学六年级时，
H 同学偶然在屏风上发现了小狐狸和它的影子

“是蹭脏了吗？”这么想着的H同学走近屏风一看，发现那原来是小狐狸的影子。栩栩如生的画面让待

在家里的他产生了一种仿佛置身于大自然之中的喜悦。

就像这样，H同学家的住宅里总是充满了自然的气息。这让我很自然地联想到以前读过的儿童文学——《草原上的小木屋》中所描写的英格斯一家人。在这里自由成长的H同学考上了位于东京都西北部，在私立中学里数一数二的早稻田实业学校初中部。

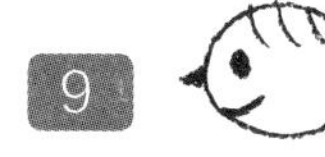

9

考上武藏中学的I同学的住宅

东京都/家庭成员5人（父母、哥哥、I同学、妹妹）

曾经是7人家庭（曾祖母、祖父、父母、哥哥、I同学、妹妹）/两层独户房型（4LDK）

● 在天国的曾祖母与祖父的守护下学习

考上武藏中学的I同学一家，也是当下比较少见的“海螺小姐”式家庭，应该说从家庭成员的世代来看已经超过了“海螺小姐”。除了I同学之外，这里还住着他的父母、哥哥、妹妹，祖父和曾祖母，可谓是四世同堂。

令人遗憾的是，曾祖母在I同学上幼儿园的时候去世，而祖父也在他上小学三年级的时候与世长辞。

但是，现在的家里面，依然保留着一部分祖父、曾祖母，以及在I同学出生前病逝的祖母生前留下的痕迹。

一楼最里面的一间10平方米的和室曾经是曾祖母的房间，后来成了I同学的儿童房。

老式的和室中充满了曾祖母的气息。即便住宅本身位于东京，这个房间也会让人产生一种仿佛置身于乡间的悠闲感。I同学自幼就十分喜欢这间和室。

不过，可能因为这个房间内曾祖母的气息过于强烈，I同学晚上钻进被窝后，偶尔也会胡思乱想，总觉得会发生灵异事件。为了摆脱那些令自己害怕的想象，他会抬头盯着天花板，数上面的木纹。但是看着看着，他又会渐渐觉得木纹的形状很像人脸，于是变得更加心慌。越想越害怕的I同学干脆爬起来敲开父母的房门。母亲叹着气说："男孩子怎么这样胆小。"

对于在学校里运动全能、深受同学喜欢的I同学来说，这件事情可是不能告诉朋友的小秘密。

I同学平时学习时不会使用自己的房间，而是会固定坐在二楼起居室中餐桌的一角。无论是学校的作业，还是补习班布置的功课，他都在这里完成。这里是他自

考上武藏中学的I同学的家（一楼/局部）

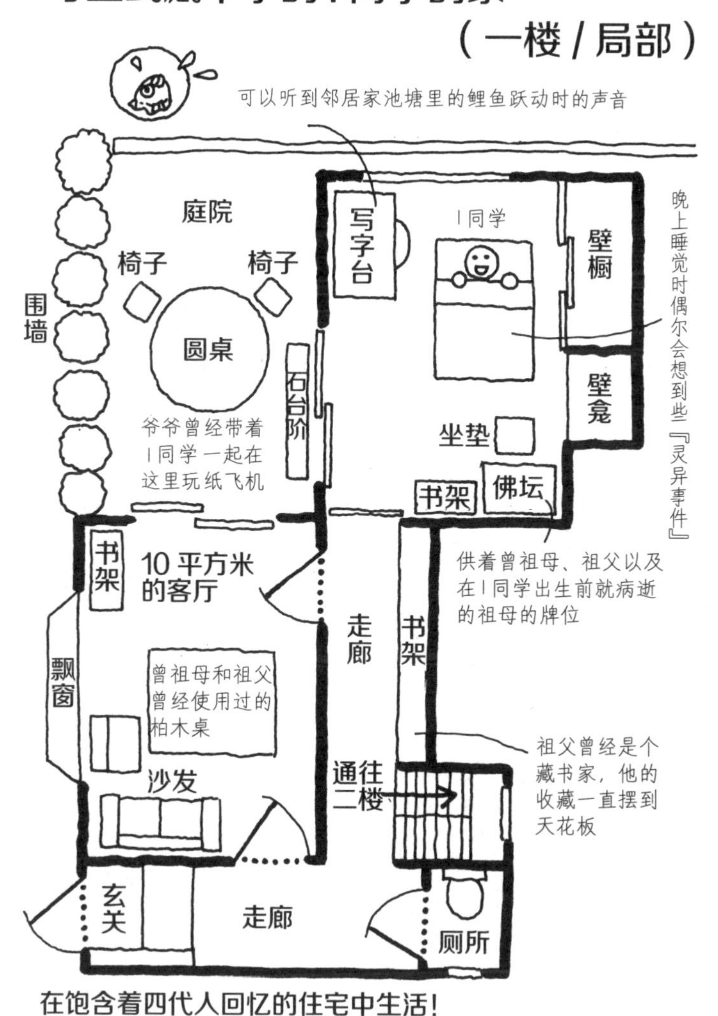

在饱含着四代人回忆的住宅中生活！

在武藏中学入学考试前给佛龛上香的I同学
天花板上的木纹是让I同学产生恐怖想象的原因
曾祖母
祖母
祖父
嘟嘟囔囔
I同学的书架
曾祖母、祖父和祖母，请保佑我成功考上武藏中学吧！

己选中的场所，对此父母并不干涉。

一开始，他的母亲还有点不满。

“要学习的话回自己的房间里啊，这里又不是学习的地方！”

被母亲批评之后，I同学垂头丧气地回到了一楼的房间里，把课本和习题册摊在写字台上，却怎么也集中不了精神。

“不知怎么就是不愿意一个人闷在房间里学习。”

结果，不到30分钟，他又回到了起居室，坐在餐桌的一角继续做功课。

同样的情况重复了几次之后，母亲最终让步了。所以现在，餐桌的一角已经成为I同学固定的“写字台”。

对于I同学来说，一个人待在房间里感到孤单，头脑也会变得迟钝，待在起居室里不光能够随时看到母亲，还能和她聊聊天。他发现，在学习的过程中时不时和母亲聊上几句，很多难题竟然迎刃而解，写起作文来也思如泉涌，下笔有神。

和他人对话似乎更有利于I同学集中注意力。在进入高度集中的状态后，他会把想到的内容都写在一个记事本里，以免之后会遗忘。这个记事本对他来说，至今仍是自己的“宝物”。里面记录的内容不仅仅与学习相关，还包含着很多日常生活的片段。

例如，他房间的窗户上挂着曾祖母生前非常喜欢的风铃。每当微风拂过风铃轻轻发出响动时，他都会不自觉地回想起曾祖母的身影。

就像这种生活中的小事，I同学也都会写进记事本里。通过亲笔书写，他不知不觉中记录了整个家庭的点滴回忆。

武藏中学招生考试的前一天晚上，I同学因为兴奋过度而夜不能寐。天花板的木纹在眼睛里一圈圈打转，可就是睡不着。可能是察觉到了儿了的紧张，父亲特地来到他的房间里。

“睡着了吗？”父亲一边问一边温柔地摸着他的头，不一会儿他就感到浑身放松，很快进入了梦乡。

考试当天的清晨，I同学给曾祖母、祖父和祖母各上了一炷香，然后奔赴考场。闭上眼睛，有关家的回忆会一幕幕浮现在他脑海中。I同学家的住宅，是一个能给家庭成员留下很多回忆的场所。在这里成长起来的I同学顺利地考上了武藏中学。

● 从父辈到子辈——留在记忆中的笑容

在这里，笔者（四十万靖）想说一说自己家长子参加“小升初”考试时的事情。

在考场大门前，补习班的老师给每一个自己教过的学生加油打气。考生们攥紧手中的准考证，准备进入考场奋力一搏。家长们的声援也达到了最高潮，毕竟这一天对于自己抚养了12年的孩子来说，是人生中的第一个大舞台。

这时，站在考生队列中的儿子突然扭头看向了我。那个瞬间，我回想起30年前自己参加“小升初”考试时的情景。同样是在进考场时，我突然把头转了过去，迎面看到的是父亲的笑脸。30年后，在儿子看向我的这一刻，父亲当年的笑脸在我的脑海中变得无比鲜明。

那时我对儿子露出了怎样的表情呢？

虽然我自己也记不清了，但是，那一定是跟30年前的父亲一模一样的笑脸。这个笑脸从父辈传给了子辈。下一次，应该是我的儿子带着他的孩子参加考试的时候。那时他也一定能够回想起我在这一天对他露出的笑脸。

考上女子学院中学的J同学的住宅

东京都/家庭成员4人（父母、J同学、妹妹）/公寓式住宅（4LDK）

● 就算是公寓式住宅，也能和家人充分沟通

J同学和家人住在一栋非常典型的钢筋混凝土结构的高级公寓中。

公寓式住宅在建造时就已经用墙壁和门将每个房间单独隔离出来。因此这类户型中的儿童房基本上都是完全独立的单间。

本书至此已经多次提到过，那些“培养聪明孩子”的家庭，最显而易见的共同点就是“父母和孩子都能在同一个空间里，感受到彼此的存在”。J同学的母亲也因为从厨房或者起居室都看不到儿童房而发愁了很久。

那么，典型公寓式住宅里就不能培养出“聪明的孩子”吗？自然不是。就算受到原本住宅结构的限制，也可以通过各种办法来进行改善。J同学的母亲就总结出了一套自己的办法。

母亲和J同学制定了几条日常生活中的需要遵守的规矩。

第一，J同学待在儿童房里的时候不要关门。

这样即使从厨房和客厅不能直接看到儿童房里，也能够感知彼此的存在。

第二，把学习的房间和睡觉的房间分开。也就是说，J同学的房间只是在学习时使用，她的床则被放在妹妹的房间里。

虽然J同学当初对这个决定表示过不满，也不想和妹妹睡在一个房间，但母亲还是坚持贯彻这条原则。这是她能想到的最佳方案，让姐妹更多接触，避免她们一个人在房间里自闭。

第三，父亲辅导J同学和妹妹的学习时，不是把孩子们叫到起居室里，而是在J同学的房间里。父亲主要

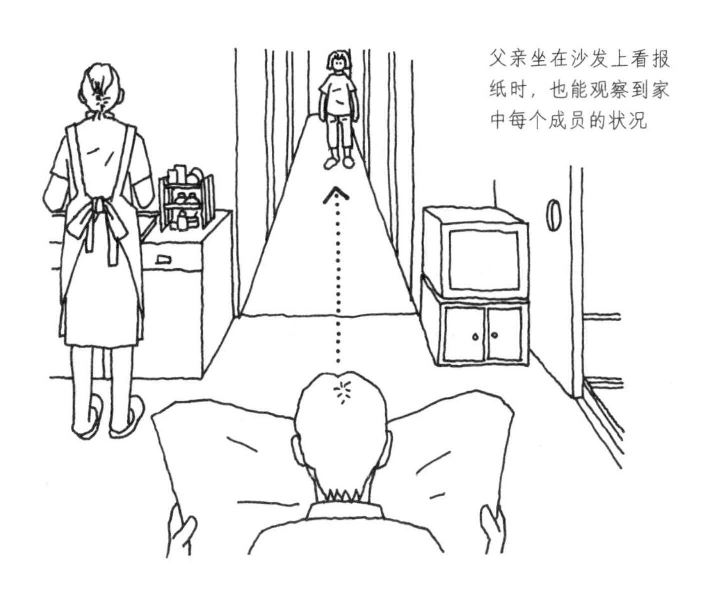

考上女子学院中学的J同学的家

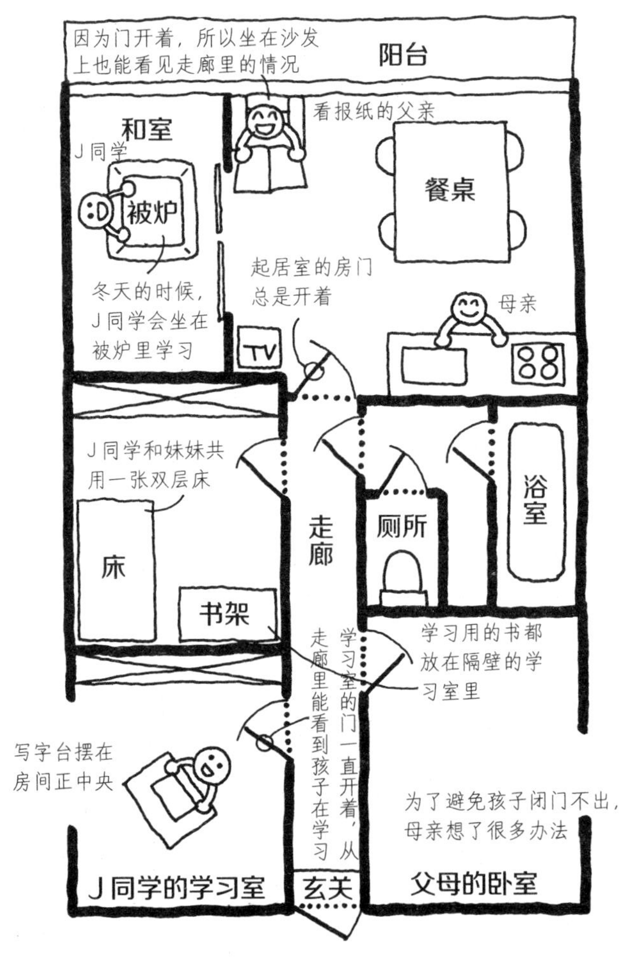

普通的公寓式住宅也能培养出聪明的孩子！

给孩子们辅导数学。每当J同学需要父亲给自己辅导数学的时候，她都会先回到自己的学习室里，这是留给父亲的暗号，父亲也心领神会。

但是和前面提到的所有“聪明的孩子”一样，J同学也很不喜欢自己一个人待在房间里学习。因此除了数学之外，J同学在做其他科目的功课时会使用家中7.5平方米的和室。这个房间里装有被炉，冬天的夜晚钻在被炉里学习，让J同学的心情非常愉快。

就这样，通过母亲的努力，虽然生活在典型的公寓式住宅里，J同学却可以充分使用房子里全部的空间。这对她的学习起到了很大的帮助。可以说，她能考上竞争率非常高的女子学院中学，母亲功不可没。

● 在公寓式住宅中生活的窍门

住在独户型住宅和公寓式住宅的家庭，生活方式必然是迥异的。尤其是当下流行的高层公寓，一是外出时下楼比较麻烦，二是房型紧凑，基本上没有考虑儿童的空间，从这些因素来看，高层公寓并不适合有孩子的家庭生活。

但是这种时候应该改变思考的角度。前文中也提到过，如果孩子还在上小学的话，其实没有必要给他们单独布置一间儿童房。因此也不必在这方面过于操心。

最近很多公寓都可以自由地选择装修方案，能够着手改善的地方也越来越多。在少子化浪潮持续的日本，过去一个家庭不能举行的活动，在住着多户家庭的公寓里反而可能实现。另外，随着核心家庭（只有父母和孩子两代人）的不断增加，住在首都圈内的孩子们平时很难跟爷爷奶奶有接触。此时，参加公寓举办的捣年糕大会或者看烟火大会的活动，可以增加孩子和老人们接触的机会。不但可以丰富家庭生活，对孩子的教育也有积极的影响。

考上筑波大学附属中学的K同学的住宅

东京都&长野县/家庭成员5人（父母、K同学、2个弟弟）/两层独户（5LDK）

● 大自然和“厨房”是人生的教科书

最后一个案例所涉及的家庭，为了在增进家人间感情交流的同时增加孩子和大自然接触的机会，频频往返于东京和农村之间——这就是K同学一家选择的生活方式。

K同学是家里三个孩子中年纪最大的。从他还在上小学一二年级的时候起，这家人就已经养成了“在外地过周末”的习惯。每周周一至周五，K同学往返于东京都内的房子和学校之间，而从周五放学到周日晚上的这段时间，他们全家会在远离城市的山间别墅中度过。

大家一定想知道其中的原因吧？这要从K同学父亲的一个“决定”说起。

原本，对于家里几代人都住在东京的K同学而言，接触大自然的机会少之又少。在他很小的时候，父亲就经常带他去公园或者游乐园。

但是K同学很快就对此感到了厌倦。毕竟在人工的空间内，孩子很难通过“偶然”的机会获得“新发现”。

K同学的父亲很清楚，孩子真正需要的，是一个能够直接感受到四季变化的生活环境，但是这样的场所在城市当中非常少见。为此，父亲最初采取的方法是带上孩子们一起外出钓鱼或爬山。

置身于大自然之中，许多无法事先预测的情况，能够让孩子不断地学习掌握新的事物。比如一不小心跌落到河里，爬到树上下不来，走在林间小路上偶遇小羊，看着天空一点点染上晚霞的颜色，发现独角仙聚集在栎木上吸食树汁……在城市里生活是遇不到这些事情的。

在海边、山上和森林中玩耍的时候，K同学和弟弟们充满朝气，双眼中闪烁着好奇的光芒。看到这幅景

考上筑波大学附属中学的K同学的家（一楼/局部）

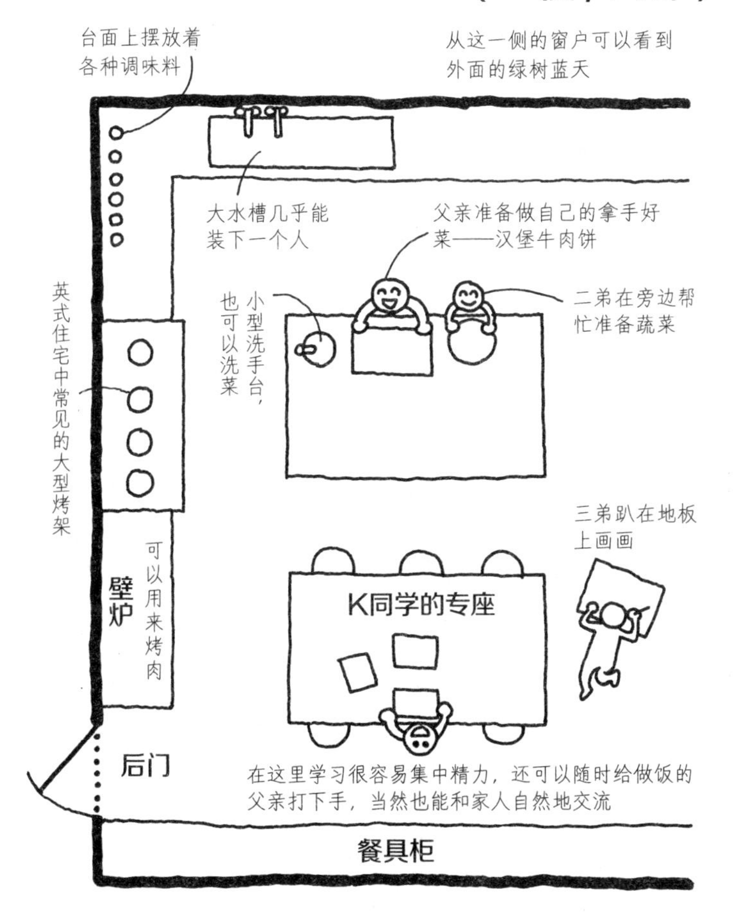

在被大自然包围的别墅中，和全家人一起度过周末！

象，他们的父亲终于做出了一个决定：比起在大城市里安心读书，孩子们更需要一个能够接触大自然、从中不断获得感动并自然学习新知识的环境。做父母的当然要助他们一臂之力。

就这样，K同学的父亲真的开始考虑购买别墅，并最终选定了长野县的别墅区，那里距离东京100公里左右，四季景色变化明显，冬天还会下雪。

K同学和弟弟们的学校都在东京市内，每逢周五晚上，他们就会跟着父母“回到”自然景色优美的别墅里。

乡下的土地价格自然比大城市便宜许多，因此他们家的别墅要比东京市内的房子面积大。父亲喜欢做菜，对吃也十分讲究，因此他在别墅里打造了一个设施完备、几乎可以用来拍摄烹饪节目的厨房。这个厨房也是将全家人联系在一起的重要场所。

水槽宽敞得躺一个人进去也没问题，砖砌的暖炉兼烤架，很容易让人联想到19世纪英国家庭中具有古典格调、温暖又明亮的厨房。父亲和母亲在这里做饭时，孩子们都会在一旁帮忙。

此外，这个别墅的儿童房里只有床，没有用于学习的写字台。所以K同学和弟弟们就把厨房里的餐桌当做“书桌”来使用。

除了做饭以外，K同学兄弟三人还会帮父母做其他家务，例如给室外走廊的柱子重新刷漆，或是下雪的时候一起铲雪清扫。这样，三个孩子自然地形成了“一家人在生活中互帮互助”及“居住环境要靠自己努力维护”的观念。

劳动之后，K同学会和家人一起泡澡。在这个别墅里，除了厨房之外，浴室也相当宽敞，让人产生一种像是在澡堂里泡澡的感觉。父亲为了让家人们能够一起悠闲地度过沐浴时间，专门和住宅设计师商讨了浴室的设计。

父亲在泡澡的时候会喝点小酒，孩子们则会喝果汁或汽水。他们一边洗澡，一边有说有笑。

在厨房的餐桌上学习的 K 同学
休息时间会帮家人一起做饭

夏天，一家人还会在别墅的院子里搭帐篷。他们生起篝火，用铝制饭盒来煮饭烧菜。这些也是由K同学和两个弟弟亲力亲为的。当然，最开始孩子们也失败过很多次，总是把饭烧成夹生或是把鱼肉烤焦。但是，随着不断累积经验，现在兄弟三人已经可以熟练地用铝制饭盒制作出美味的菜肴了。

吃过饭，收拾完毕后，K同学和弟弟们一起躺在帐篷里看着星光闪烁的夜幕。孩子们辨认天上的星座，偶尔还能看到途经上空的飞机尾翼上闪烁的灯光，仿佛置身于宇宙旅行。

附近的山已经被他们爬了个遍。现在兄弟三人个个都很擅长爬树，到了冬天，滑雪板也都玩得驾轻就熟。河里小鱼的品种、身边花草鸟虫的名称，甚至能吃的野菜种类，也都被孩子们一一掌握。到了后来，三个孩子已经能帮着别墅区的管理员给来访的游客做向导。

在大自然中学到的知识和经验，都是学校和补习班不会教的内容。因此在考上筑波大学附属中学后，K同学一家仍然坚持每个周末都在别墅度过。

第2章

打造“培养聪明孩子的住宅”！

1. 不需要专门打造儿童房

笔者（四十万靖）就职的eco-s corporation公司，经常通过网络向居住在东京都内有孩子的女性发放调查问卷。例如：

Q1 会选择哪个位置作为孩子的儿童房?

Q2 对于孩子而言，儿童房的作用是?

对于这两个问题，给出如下回答的母亲分别占到了85%和75%。

A1 南向、采光好的房间

A2 儿童房=安心学习的场所

从这样一个结果我们可以看出，母亲对于孩子的成长都是非常重视的。

但各位读到这里，想必心里已经明白了，孩子们能够集中精力学习的场所和母亲们的设想往往是有出入的。

实际上，在6年间通过对200户孩子考上重点中学的家庭的访问，我发现绝大多数的儿童房都收拾得特别干净。但是因为整洁得过了头，才让人忍不住心生疑问——在这些位于南向、采光良好的“母亲理想的儿童房”中，真的能看到孩子们读书学习、游戏玩耍的身影吗？

“您家的孩子平时不在自己房间里学习吧？”

我问出这个问题后，家长们都会大吃一惊。很多人会如实作答：

“被您看出来啦？我家的那个小家伙，明明给了他一个条件最好的房间，他却偏要跑到餐厅的桌子上做功课。”

正如第1章介绍的案例所示，很多“聪明的孩子”并不会一个人在儿童房里学习。

现实情况正是如此。

大多数考上重点中学的孩子，都是在起居室、餐厅、厨房里的桌子，甚至利用矮脚桌“席地而坐”，在这些能够看到其他家人的“公共场所”中学习。

那么，为什么孩子们不在儿童房里学习呢？

首先，从表面上来看，近年来重点中学入学考试出题倾向的变化，是引发这个现象的原因之一。需要死记硬背的题目逐渐减少，取而代之的是描述性问题的增加。这就意味着，比起单纯靠熟记知识点进行解答，越来越多的问题需要孩子通过思考后，用自己的语言回答。面对这类问题，除了思考能力之外，同时需要孩子们具备对事物的表达能力。

那么，要怎样培养孩子的思考和表达能力呢？其实，这两点都是建立在与他人沟通的基础上的。

在和他人交流的过程中，孩子的大脑要持续思考，而且对于事物的描述（表达）能力，恰恰也是一个人沟通能力的体现。

这样看来，想要培养孩子的沟通能力，让他们独自待在封闭的空间里是起不到任何帮助作用的，毕竟这是一个需要谈话对象的活动。那么，有效的方法又是什么呢？

培养思考能力和表达能力，即“提高沟通能力”，首先还是需要通过日常和家人的沟通来打下扎实的基础。这里需要大家关注的地方，是家人们经常聚集的场所。可以是起居室，可以是餐厅，亦可以是厨房。孩子们的沟通能力，在这些家庭住宅中的公共场所中最能得到锻炼。

例如，全家人一起聚在餐桌前，一边聊天一边享用晚餐。

孩子们努力向父母描述一天当中在学校遇到的事情，而父母也尽全力去倾听和理解。

对于电视里正在播出的新闻，孩子也经常能提出一针见血的问题。

“美国为什么要跟伊拉克打仗呢？”

这种看似简单、实则难以用三言两语解释的问题，经常会将家长问倒。父亲需要绞尽脑汁，用简明扼要的语言向孩子陈述。针对父亲的看法，母亲也会提出自己的观点。这时，孩子能够同时吸收父母双方的见解。

像这样在日常生活中家人之间的深入交流，是培养“聪明孩子”的大前提。通过自己的思考，将自己的意见用自己的语言向他人表达，这种能力对“聪明的孩子”而言是必需的，同时也是不能依靠看书做题，而是需要在与他人沟通的过程中逐渐培养的。

近年来，随着重点中学入学考试出题倾向发生的变化，家庭教育的重点也渐渐集中到“孩子和家人之间的深入交流”上，从而引发的一个明显的现象就是“孩子在起居室或者餐厅学习”。

此外，造成“孩子不在儿童房里学习”的因素中，还有非常重要的一点。

那就是孩子的年龄。

面临“小升初”考试的小学六年级学生，大多是12岁左右，男孩还要比女孩晚熟一些，其“精神年龄”往往只有10岁左右。这些孩子大多还处于向父母撒娇的年纪，特别是希望被母亲关注，得到母亲的夸奖。

在考生当中，有相当一部分孩子渴望获得母亲的关爱。将自己认真努力的状态呈现在母亲面前，是大多数孩子感到开心并建立起自信的一种行为。因此，他们会在无意识的情况下选择待在母亲的周围。

母亲在家中的活动范围，大多是起居室、餐厅，当然也包括厨房、书房等。对于希望待在母亲身边的孩子而言，不光是吃饭和看电视，学习的时候也不例外。

因此，就算儿童房条件再好，孩子们也更愿意待在厨房的一角，或是餐桌旁，抑或占据一只矮脚桌，在母亲的脚边学习。

2. 家长和孩子一起做习题，增进彼此间的沟通

培养“聪明孩子”的大前提是家人间的充分沟通。通过第1章的案例介绍大家可以发现，“聪明的孩子”最喜欢的学习场所，往往是“能够在学习的过程中和家人进行交流”的空间。

在此基础上，我想向各位介绍一个进一步强化家人之间沟通的方法，那就是家长和孩子一起学习。具体的做法，就是“全家一起挑战重点中学入学考试题”。

关于织田信长、丰臣秀吉和德川家康这三位著名的日本战国豪杰，有一个家喻户晓的传说。

有人问：“杜鹃不啼，当如何？”

性情急躁的信长回答：“杜鹃若不啼，杀之不足惜。”

自信十足的秀吉回答："杜鹃若不啼，诱之自然啼。"

善于忍耐的家康回答："杜鹃若不啼，静待莫需急。"

想必这个传说大家都耳熟能详。

那么，接下来让我们看一看重点中学中的名校——武藏中学社会学科的考试题吧。

问题中登场的三个人物是岩仓具视、伊藤博文和中江兆民。

岩仓具视作为明治维新时期活跃的政府官员，经常出现在社会学科的课本当中。而伊藤博文不仅是明治维新时期活跃的政治家，更是日本首位总理大臣，1000日元纸币上就印有其肖像画。对于成年人，亦即孩子的父母而言，应该是无人不知无人不晓的。

但是提到中江兆民，有很多人可能一时想不起他的来历。其实他同样是明治维新时期的著名思想家，在当时被人赋予“东洋卢梭”的美名。

以往，涉及历史相关内容的题目通常是以背诵知识点为中心。例如“啼叫吧，黄莺的平安京”指的是794年平安京迁都，而“好国家·镰仓幕府”指的是1192年镰仓幕府设立。遇到这种类型的题目，想不起中江兆民是谁的话就只能交白卷了。

但是武藏中学的题目则不然，他们会在题干中明确地告诉考生上述三个人物的身份、背景以及各自的思想主张。

那么，围绕着这三位名人，武藏中学向考生们提出了怎样的问题呢？

☺ 问题1

……明治四年（1871）十一月，一行人从横滨港出发，十二月抵达了第一个访问目的地——美国旧金山。之后，于明治五年（1872）从美国东海岸波士顿港出发，抵达英国的利物浦。再之后，于明治六年（1873）七月从法国的马赛港出发，途经苏伊士运

河、新加坡、上海，同年9月抵达长崎港，结束了长达两年的旅行。下面的表格中分别表述了岩仓使节团航线的3条海路，请按照示例，分别描绘出每一条海路相应的地图。

明明是从历史人物开头，最后却是一道和地理相关的问题。爸爸妈妈们在上小学的时候，想必教室里都贴着很大的世界地图吧。遇到这样的问题，可能很多家长立刻会在心中反省——“上学的时候多看几遍地图就好了”，真可谓是悔不当初。

而且，示例中给出的地图并不是用家长们熟悉的墨卡托投影法绘制的，而是使用了和地球仪一样的绘制方法，这样一来又增加了问题的难度。

接着往下面看，问题2、问题3、问题4、问题5、问题6……全都是论述题，没有一道题目直接考查背诵知识点。

在这里，我想跟大家分享一下“问题6”，希望各位能一起开动脑筋。

☺ 问题6

在中江兆民活跃的时期，组成国际关系的主体是国家。但是当今社会，每一个人都能以个人身份活跃于国际舞台。今后，各位想以怎样的姿态与其他国家的人打交道呢？请参考中江兆民的思想，讲述你自己的观点。

怎么样？想必很多家长会陷入沉默吧？当初看到这个问题时，我自己也愣了半天。

问题中的“你”，所指的对象其实是小学六年级的孩子。家长们看着自己视为掌上明珠的儿子、女儿正要踏上人生中一个试炼的舞台，感慨他们也将经历自己当年走过的道路，结果没想到孩子要挑战的竟然是这样的问题。

前文曾经提到，即便是成年人，也很少有人能够同时记住伊藤博文、岩仓具视和中江兆民三人的背景知识。而且，这道题并不需要考生填写中江兆民相关的“知识点”。中江兆民的人物经历和他的主张都已经清楚地写在了问题中。考生们需要做的，是参考中江兆民的思想，“讲述你自己的观点”。

比起社会学科，这道题目更像是语文的阅读题。而且所谓的“你自己的观点”，并不只是把想到的东西随手写出来那么简单。结合问题我们可以看出，除了历史相关的知识以外，整个题目同时考查了孩子的地理知识、语文阅读理解能力、整理归纳自己观点的思考能力，向阅卷老师进行表述的表达能力，等等。

面对这样的考卷，让孩子一个人闷在房间里刻苦用功是远远不够的。家长需要在日常生活中，通过家人间的交流，来确实地培养孩子用流畅的语言清楚地表达自己观点的能力。

第1章介绍的几个家庭的孩子能够考上重点初中的理由，在看到武藏中学实际的考题之后，大家在心里可能会有更为清晰的认知了。

武藏中学可谓日本的“超级名校”，其创始人正是明治时期的实业家根津嘉一郎。他一手创立了东武铁道公司，同时还是著名美术收藏家。位于青山的根津美术馆就是在他的家宅基础上改建的。

根津嘉一郎创办武藏中学的理念，是希望能够培养出“自发地进行探究并在此基础上进行思考”的孩子，也是武藏中学教育的精髓所在。在入学考试时，这一点非常明确地体现了出来。

参加武藏中学入学考试的孩子有一个非常明显的特征，那就是在离开考场时，他们脸上的表情都显得十分疲惫，没有明显的喜悦也没有明显的消沉。因为大多数题目的要求是“表述自己的观点”，因此没有绝对正确的答案。至于疲惫，则大多是由于努力转动脑筋思考后造成的精神疲劳。

以武藏中学为例，在重点中学的入学考试中，论述题越来越常见。就连语文考试，需要考生背诵默写的内容也在明显减少。

当然，虽说默写问题减少了，但是学校对错字、病句的审查并没有变得宽松。在小学规定的必修汉字的范围内，如果出现了错字或者用日文假名（类似于汉语的拼音）来代替的情况，也会被扣除相应的分数。不过，像错字、病句等“硬性指标”在考试结果中所占的比重越来越低。历年被武藏中学录取的考生当中，有一个因为错字问题在300分满分的考卷中仅取得了120分的孩子。而校方给出的理由是，错字可以在上了初中之后一点点改正，但是孩子在12年的人生中形成的思想以及沟通能力，不会因为中学教育而简单发生变化，因此是难能可贵、值得培养的。

重要的是思考能力，以及向他人表达的沟通能力。这些都需要通过生活一点一滴去积累。而许多名牌中学入学考试所审查的重点，也在于此。

3. “3X”和“培养聪明孩子的住宅”的关系

前文中向大家介绍了武藏中学的考题。平心而论，我也觉得这样的问题解答起来难度很大。

究竟是什么样的孩子能够在这样的入学考试中脱颖而出呢？这些孩子又生活在怎样的家庭当中呢？

让我们在第1章的基础上，重新思考一下。

通过调查我们发现，孩子考上重点中学的家庭，有几个非常明显的共通之处。在这里，可以用“3X”来进行概括。最初提倡“3X”的学者，是麻省理工学院的西蒙·派珀特教授。

“比起被动接受教育，孩子们在进行主动创造时，其学习效果会达到最高。”

这是西蒙·派珀特教授的教育理论，即“建构主义理论”。而3X，则分别代表英文中的“eXplore”（探索）、“eXchange”（共享）和“eXpress”（表现）。

过去在美国比较有代表性的是“3R”教育，即“Reading”（读）、“wRiting”（写）和“aRithmetic”（珠算）。在西蒙·派珀特教授的倡导下，美国传统的“3R”教育逐渐过渡到“3X”教育，将孩子们从以往的填鸭式教育中解放出来，从而更好地培养他们自身的思考能力。从实际取得的成果来看，该理论也大幅提升了孩子们对于学习的积极性。

日本，也曾经大范围提倡过“减负教育”。

作为对填鸭式教育的反省，该理念提倡把孩子需要背诵的知识最小化，对代表其综合学习水平的思考能力进行最大化延伸，重点培养孩子的主动学习创造能力。但是，这一举措刚刚处于起步阶段，还引发了“中小学生学习能力低下”“教学秩序混乱”等社会问题，导致社会舆论对“减负教育”本身形成怀疑乃至否定的趋势。与此同时，多所重点中学为了避免学生学习能力低下，在此阶段都纷纷开始实施独立的教学课程规划。

但是，从前面提到的武藏中学的例子中我们可以发现，重点中学并没有摒弃“背诵”“默写”这一类的“反复教育”，而是在认清其重要性的基础之上，进一步提升孩子的“思考能力”，通过实践来探索真正的“减负教育”。

我们带着“3X”的观点，通过对孩子考上重点中学的家庭进行考察，得到了一个很有意思的结果。

如果用一个词来概括“3X”的话，那就是“沟通”。那么我们可以把提升孩子沟通能力的空间，称为“教育空间”。提到“教育空间”，有三个要素希望大家能够注意。

看到这里，可能有的读者会觉得话题太过复杂，其实不然。请大家回忆一下第1章里介绍的案例，里面曾经提到“为了便于家人间进行交流，在住宅结构调整上进行尝试”。其实这正是对“学习空间”的实践。

接下来让我们具体看一看都有哪些要素：

第一个要素是“若隐若现”。

这里指的是巧妙地区隔属于孩子的隐私空间与起居室、餐厅等公共空间。具体来说，可以使用屏风、拉门或者玻璃门窗。

第二个要素是“环游性”。

所谓“环游性”，是指在隐私空间和公共空间之间建立起连续性。可以通过走廊、中庭、阁楼、画廊等方式来实现过渡。

第三个要素是“布景”。

这里所说的“布景”，指的是用于强调隐私空间和公共空间各自目的性的内饰设计。可以通过相框、摆件、留言板、书架等“道具”来实现。

而第1章介绍的家庭，都做到了这三个要素的平衡。

例如，考上樱荫中学的G同学的家庭。

按照G同学自己的意愿，她的房门基本上都是打开的状态。而且门牌上“welcome”（欢迎）的字样，承载了“欢迎到属于我的空间来做客”的信息，表现（express）出她对其他家人的到访感到喜悦。

接着是儿童房内写着“心”的毛笔字。G同学通过在学校书法课上反复练习，选出了其中最满意的一幅作品布置在自己的房间里。这里的重点是她摆放的位置——她选择了从起居室里能够一眼看到的位置。G同学按照自己的想法，通过“自己的设计”（express）实现了和家人之间的沟通。

3X中最后一个探索（explore），则体现在了G同学房间的书架上。

这里除了她的书以外，还摆放着属于父亲或母亲的书籍，包括很多他们年轻时读过，并且希望今后女儿也能够阅读的作品。

“嗯……爸爸妈妈以前还看过这种书啊？”

“哎呀，孩子现在读的书好难啊。”

通过家庭成员共有的书架，G同学沿着父母留下的

“知识脚印”不断探索（explore）。

接下来让我们从教育空间的观点出发来进行分析。

首先，根据观看者所处的位置，G同学的“心”书法作品可能看到，也可能看不到。这就体现了第一个要素所提到的“若隐若现”，也是一种表现（express）的方式。

其次我们来看“环游性”。儿童房中全家人共有的书架，以及G同学平时打开房门方便家人可以从客厅自由出入的举措，都是“环游性”的体现。通过阅读同一本书，来加深家庭成员之间彼此的了解。可以将“环游性”视为探求（explore）的过程。与此同时，在家庭成员的内心之间建立了联系。

再来看最后一个要素“布景”——“心”的书法作品，表达了G同学希望能和父母共同分享（exchange）的意愿。而全家人共有的书架，作为重要的“道具”也实现了分享（exchange）的作用。

以G同学家为例，孩子考上重点中学的家庭，在实现了“3X”的同时，也很好地兼顾了教育空间三个要素的平衡。

看到这里大家应该能够发现，无论是书架也好，孩子的“书法作品”也罢，这些东西在每个家庭中都很常见。从这个角度来看，大多数家庭都具备了“培养聪明孩子”的基本“道具”。

那么，造成实际差距的原因又在哪里呢？第1章介绍的家庭从表面上的住宅结构，到孩子的学习方法上，都各有不同。但是他们有一个共同的地方，就是非常重视家庭成员之间的沟通。为了实现更为理想的交流环境，每个家庭都在原有的条件下不断地尝试和摸索。

能否实现家庭成员之间的深入交流，是培养“聪明孩子”的关键所在。接下来，我想给大家介绍一些家庭内的沟通方式。

4. 比起“对话”更多采用“书写”和“绘画”的交流方式

在前面的文章中我反复强调了，孩子的学习能力、思考能力都是建立在其沟通能力的基础之上的。

那么，所谓的“沟通”，具体又是指什么呢？

前文中曾经提到，被问及“在家里和孩子沟通是否顺利”的问题时，很多家长都自信地回答：“我在家里经常跟孩子对话，非常了解他们的想法。”

原来如此，在很多家长看来，“沟通=对话”。那么，作为和孩子沟通的手段，“对话”真的有家长们想象的那样有效吗？

而实际上，在成人和儿童沟通的时候，仅靠“对话”一种方式，往往无法达到大人们所期待的结果。

家长总是能够十分轻易地将自己对孩子的期待直接

表达出来。例如“爸爸妈妈相信你一定能够考上XX中学”这样的话语，其实很容易给孩子造成心理压力，而作为当事人的家长往往还没有自觉。尤其是在讨论重要的升学问题时，家长十分激动、滔滔不绝，孩子反而在一旁沉默不语，这种情况在很多家庭中都出现过。

看到这里请大家不要紧张，上述问题虽然常见，却也很容易解决。接下来，就让我们来了解一下那些孩子考上重点中学的家庭，都是使用什么方式沟通的吧。

答案是“书写”。

首先，比起“对话”，在“书写”的时候，人们需要充分进行思考之后再下笔。“对话”时人们往往会被当时的氛围所影响，所以如果把聊天的内容录下来重听，很多人会发现自己当时的发言逻辑十分混乱。相反，采用“书写”这一方法时，如果不事先在脑子里进行整理，是很难轻易地将自己的想法清楚地传达给他人的。从逻辑思维的角度来看，“书写”的需求要远高于“对话”。

因此，可以反复通过“书写”的方式来锻炼孩子“有条理地总结想法并明确传达”的能力。

将“书写”充分运用到家长和孩子的沟通当中，可以避免出现“对话”时被环境所左右的情况，从而更有效地实现家庭成员间的交流。而且，采用“书写”的方式，可以减少彼此的身份对“对话”的影响，让成人和儿童的地位相对平等一些。

考上樱荫中学的G同学用毛笔写下的“心”正是与家人沟通的一种体现。而在考上早稻田实业学校初中部的H同学家里，他和母亲会将厨房的一角作为“邮箱”来互通信件。可以说是非常有效地利用了“书写”的手段，实现了沟通。

由此可见，在这些孩子考上重点中学的家庭里，“书写”是一个提高亲子之间沟通质量的良好方式。

不知道各位读者家里，是否也会采用这样的方式进行沟通。如果还没有，建议您务必尝试一下。

不过话说回来，提到“书写”，很多人会不自觉地感到紧张，而且也很难坚持。

有些家庭为了实施“书写”方式的沟通专门买了新笔记本，每天晚饭后的1个小时内，全家人都坐在桌子前写日记……这样用力过猛的话，可能连三天都坚持不了。此外，即便是能够坚持下去，也很有可能只是流于形式，每天像完成任务一样进行“书写”，反而会离“沟通”的目的越来越远。

所以希望大家能够尽可能地轻松一些。家长和孩子既可以通过“书写”的方式来讲述自己一天遇到的事情，也可以采用更为简单的方式，让孩子把目标或者梦想写下来贴在墙上。说到这里，我想给大家介绍一个补习班的例子。

这个补习班为了提高学生们的积极性，会向孩子们发放写有标语的海报。孩子们拿到海报之后，都会贴在自己的家里。

海报上按照1到10的顺序列出了“升学考试的心得”。仔细看一看，可以发现有些文字下面用彩笔画着横线以示强调。例如：

② 想一想现在必须要做的事情是什么。

④ 想一想现在不做、以后会后悔的事情是什么。

⑥ 想一想现在做了的话，将来会对自己有所帮助的事情是什么。

⑩ 要清楚一点，如果自己现在不采取行动的话，是不会发生任何改变的。

这个补习班的标语中反复地强调了“现在”的重要性。对于学习来说，最重要的不是在“之后”或者“之前”用功，而是要认真思考“现在”应该做什么，不“马上”采取行动的话，就无法取得理想的结果。补习班通过简单易懂的话语和反复的强调，向孩子们传达了“现在”的重要性。

这类口号或者标语，如果只是口头上重复的话，孩子们恐怕会左耳进右耳出。而打印成海报贴在墙上的话，可以在不经意之间提醒孩子“从现在开始努力”，久而久之，能够提升他们学习的积极性。

接下来，我想给各位介绍一下由“书写”延展出的，通过“绘画”进行沟通的方法。

在访问某个孩子考上重点中学的家庭时，我们发现儿童房的墙壁上贴满了孩子的画作。

其中一张图画描绘了猫咪向小鸡伸出爪子的情形。在交流中我们得知，这个孩子上小学二年级的时候，曾经目睹学校里饲养的小鸡被野猫袭击的场面。这件事情给他造成了很大的冲击，以至于上小学五年级画这幅图时，当时的场景依然历历在目。

除此之外，还有描绘大雪天孩子们在校园里打雪仗的图画。小作者表示，现在看到这张图还能回想起当时雪花落在脸上的感觉。

对于成年人来说，画面上记录的可能是一些平淡无奇的事情。但是对孩子而言，每一张图画都代表着一段重要的回忆。这家的孩子，通过“绘画”的方式将自己的记忆具象化，同时在画面上自然地流露出感情。“绘画”对于儿童的情操教育具有非常积极的作用。通过画笔，可以让孩子把难以用语言表达的感情通过具体的画面进行传达。这毋庸置疑是一种沟通的方式。

孩子通过“绘画”的方式，和家人共同分享自己的回忆，图画本身对于教育空间三要素之一的“布景”也能够起到积极的作用。

通过“书写”和“绘画”的方式，可以让孩子有效地传达自己客观的想法，或者将其想象的事物具象化。

相较于“对话”，“书写”及“绘画”有一处明显的不同。那就是这两者还会伴随着一个后续行为，即“观看”。“观看”是从文字和画面中获取相应信息的手段。在这个过程中，人们还需要将“看”到的事物在头脑中进行整理和分析，这样就进一步锻炼了思考的能力。

此外，“书写”和“绘画”有别于“对话”的另一个重要因素是“时间”。

“对话”是瞬间完结的行为，而“写”和“画”则能留下具体的产物。即使时间流逝，也能够让看到的人通过“思考”去理解其中蕴含的信息。

由此可见，除了“书写”和“绘画”之外，孩子通过事后“观看”的行为把视觉获取的信息传递到大脑里再次进行“思考”，也是一个循环锻炼思考能力的过程。

对于家长和孩子而言，“书写”是一个比“对话”更为有效的沟通手段。而第1章里介绍的孩子考上重点中学的家庭，都将这种方式轻松自然地融入日常生活的亲子沟通中。

5. 优秀的传统日式住宅文化是“培养聪明孩子”的基础

通过第1章的实例介绍和第2章的理论分析，我和大家探讨了“考上重点中学的孩子生活在怎样的住宅里”及“如何打造‘培养聪明孩子的住宅’”这两个问题。

提到“小升初”的升学考试，很多人脑海中马上会出现“一群戴着眼镜、脑门上系着‘考试成功’头带的孩子埋头苦学”的画面。电视新闻中也出现过考生们“过年不回家，住在补习班里刻苦学习”及“围成一圈高喊必胜口号”的场景。

“毕竟是义务教育，没必要让孩子学得那么拼命吧？”对于上述情况，很多人抱有负面的看法。

不过在我所走访过的孩子考上重点中学的家庭中，没有一户人家曾经因为孩子的升学考试而陷入紧张焦虑的氛围。恰恰相反，这些孩子和家人的关系都非常亲密，喜欢说话，爱吃爱玩，身心发育非常健康。

在卷首语中，我曾经介绍过对“孩子考上重点中学的家庭”开展调研的初衷。

最初，我的目的完全不是收集“为了让孩子考学成功应该怎样规划住宅布局”的相关信息，而是日本传统住宅文化中的优点随着“核心家族”的增加而逐渐流失的问题，可以说和“小升初”考试毫不相关。

为什么我会关注日本传统文化的流失问题呢？在这里我想先介绍一下爱德华·摩斯博士。

明治时期，从美国漂洋过海来到日本的摩斯博士发现了绳文时代的遗迹“大森贝冢”，从而揭开了日本近代考古学的序幕。

摩斯博士在日本居住的期间留下了大量的素描手稿。而且，他对当时的日本住宅曾经给出过这样一句评论。

“日式住宅实际上是非常开放的。”

摩斯博士首先提到了夏目漱石的故居。在这里，夏目漱石完成了《我是猫》等作品。看着朝向南侧庭院的走廊，几乎可以想象漱石先生随意地躺在这里揣摩《我是猫》里的“主人公”猫咪的心情。

顺带一提，明治时期普通老百姓在日常生活中，大多集中在住宅的北侧。而朝南采光好的房间通常作为客人来访时使用，或是宴会场所使用。母亲会亲自下厨用拿手好菜招待客人。在这个对外开放的空间里，人们的关系通过共享美食变得越发亲密起来，而这正是日本传统住宅文化和饮食文化的关键。

传统住宅文化的核心用一句话来简单概括，就是“在能够留下深刻印象的空间里款待他人”。

在过去，上述情景几乎可以在每一户普通家庭中见到。然而令人遗憾的是，随着城市化和“核心家庭化”的发展，这个世世代代流传下来的优良文化却渐渐地消失在人们的视野当中。

那么，当代的住居文化中，真的完全看不到过去传统的身影了吗？特别是在大城市，实际上又是怎样的情况呢？

读过摩斯博士的文章后，带着这些问题，我们展开了实际调研活动。而对象之所以会选择孩子考上重点中学的家庭，是因为起初我们认为这类家庭都是以孩子的升学考试为生活中心，相距传统的住宅文化应该是最为遥远的。

然而结果正如大家在第1章的案例介绍中看到的一样，我对自己的假设感到十分惭愧。至少在我亲自参与调研的家庭里，从未见过母亲怒目圆睁逼着孩子拼命学习的场景，反而每一户都洋溢着温馨的氛围。

在这些家庭中，家长和孩子彼此尊重，在生活中共同思考。除了“对话”之外，还采用“书写”和“绘画”的手段实现了家庭成员之间的深度沟通。

孩子考上重点中学的家庭恰恰是保留传统住宅文化、并且在生活中充分利用其优势的家庭，这样的结果出乎多少人的意料呢？

传统文化还在意想不到的地方延续命脉——调研中拜访过的一个个家庭着实让我们安心了许多。

在这里，我想以武藏中学（初中）为例，介绍一下考上重点中学的孩子们，在入学后过着什么样的生活。

通常日本初高中的校庆都会在秋天举行，而武藏中学（初中）则是在每年4月跟武藏高中一起联合举办校庆。

几年以前，我曾经去参观过武藏中学的校庆。进入校门之后，立刻映入眼帘的是教学楼。会客室的门前摆放着长桌，用于展示学生们的原创作品。在各式各样的作品当中，一本“书籍”马上吸引了我的注意力。

书的标题是《关于住宅的考察》，由一位武藏高中三年级的学生用六年（包括初高中）的在校时间完成。从事建筑相关工作的我十分好奇里面的内容，几乎是想都没想就拿在手里翻阅起来。

书中提到，作者曾经经历过多次搬迁，甚至还有在美国生活的经历。因此他以自己的真实生活体验为基础，对日本和美国的住宅情况进行了比较。

“美国的住宅本身非常宽敞。相比之下，日本的住宅——包括里面的房间——都要狭窄许多。但是打开窗户的话，邻居阿姨会向我问好。顺着屋后的小路走进公园里，就能看见居住在附近的老人们坐在长椅上聊天，孩子们在一旁开心地玩耍。这对我来说，是一个非常丰富多彩的生活空间。”

上面是我从书中摘抄的一段内容。从物理空间的角度来讲，的确是美国的住宅更为宽敞，但是从日常生活来看，作者认为日本的住宅文化要更胜一筹。

而在卷末的部分，作者是这样来收尾的。

“非常感谢在撰写过程中给我提出建议的老师，帮助我排版的好友，以及能让我有如此丰富体验的父母。”

看到这里，我觉得这位同学的父母有这样一个孩子一定非常幸福。他们应该是不知道自己的孩子制作了这样一本书，但在他们不知道的地方，孩子依然不忘表达对父母的感谢。因而我认为，能够培养出这样出色学生的武藏中学，是一座非常优秀的学府。

培养聪明孩子的家庭，并不是以孩子考上重点中学为目的，而是指实现了家庭成员之间深度沟通的家庭。在“家”这个能够留下深刻印象的空间里，家庭成员们相互尊重、理解，能够坦率诚恳地向彼此表达感谢之情。

也就是说，培养聪明孩子的家庭，其实是在漫长的历史当中逐渐成形的“住宅文化”的体现。考上重点中学，仅仅是这些家庭的孩子们人生中的一站。

不知道大家是否记得前面提到过的武藏中学的入学考试题。那道题的“标准答案”是什么呢？

其实，并不存在什么“标准答案”。问题考查的内容，是孩子们能否通过认真的思考，将自己的想法明确地呈现于纸上。能够在认真思考的基础上明确阐述考生自身观点的回答，都是“正解”。

同理，“培养聪明孩子的家庭”的“答案”也是多种多样。本书介绍的案例也只是给大家勇于“参考”，剩下的，请大家好好考虑自己的家庭，打造出有自家特色的独一无二的住宅来。

第3章

10种方法能够将自己家快速变成“培养聪明孩子的住宅”

接下来的任务，是把各位读者的家打造成“培养聪明孩子的住宅”。

“我们家里没有能放乒乓球桌的空间，没有和室，也没有跟爷爷奶奶生活在一起。”

这样的担心其实大可不必。想要快速将自己家变成“培养聪明孩子的住宅”，方法并不复杂。

不需要搬家，也不需要重新装修，只需要简单地挪动一下家具摆放的位置即可。接下来，我要向大家介绍10种便于实践的方法。

1. 不要孤立儿童房

读到这里的读者对于这点应该已经心里有数了。在前文介绍的案例当中，孩子们都能和其他家庭成员自然随意地交流，没有哪个家庭是让孩子长时间独处的。

许多父母为了让孩子们能够集中精力学习专门布置的儿童房，很可能会本末倒置地造成孩子自闭。

最简单的解决方法就是平时一直敞开儿童房的房门，比较彻底的做法则是将房门改为透明或半透明的材质。

例如强化亚克力或玻璃，这样一来即使房门关上也能够看到里面。此外，善用穿衣镜也可以透过镜子大致看到房间里的情况。没有必要将房间里的每一个角落看得一清二楚，“大致能感觉到”的程度已经足够。对于每天朝夕相处的家人来说，最重要的是感受到彼此的存在。

2. 让家里任何一个空间都可以变成孩子学习的场所

前面我曾多次提到，“聪明的孩子”不会一直待在儿童房里，而是会按照当时的心情自由地在家里选择学习的场所。参考这种方式，建议大家尝试以下的做法。

当孩子在客厅或者餐厅的桌子上做功课、画画的时候，不要将他们轰回房间里。在此基础上，给他们准备一套折叠式的桌椅，让他们可以随意搬到自己喜欢的地方学习。天气好的时候甚至可以把桌椅搬到院子里。

当待在某个场所无法集中精力或者感到厌倦的时候，孩子可以按照自己的想法，自由选择喜欢的地方继续学习。这种做法确实能够提高他们的思考能力。

3. 在家庭内部“搬迁”

在第2条的基础上，更进一步的做法是通过改善家具的摆放位置，让家人的心情焕然一新。频繁搬家对普通家庭来说是很不现实的，但只是改变孩子房间的话，基本上只要一整天就可以完成。频度则建议为每半年一次。让孩子从现在的儿童房搬到其他房间，给他们带来的新鲜感和“搬家”无异。如果家里有一个以上的孩子而且各自拥有单间的话，可以让他们彼此交换房间，或者是让孩子们把一个房间作为共用的卧室和游戏室，而另一个房间作为共用的学习室。通过这些尝试，可以让孩子在家中体验“游牧民”般的自由生活。

4. 打造能让孩子和家人留下深刻印象的空间

这条原则单看文字可能会太过抽象，其实这个方法实施起来也很简单。比如把全家人的书都摆放在同一个书架上。可以参考第1章介绍的家庭，通过对书架的充分利用来打造一个全家人能够共同分享回忆及感受的空间。父母和孩子可以各自找出几本喜欢的书籍摆在一起。

只是单纯摆放未免有些枯燥，可以让书的主人附上简单的信息，例如对内容的推荐，或是自己阅读后的感受。

举个例子，一位父亲把自己喜欢的书放在书架上，那是一本披头士乐队的传记，封面看起来有些年头了。他在里面附上了这样的文字：

“爸爸年轻时非常喜欢约翰·列侬的音乐，曾经梦想着将来成为一名吉他手。这本披头士乐队的传记就是那个时候买的。XX（儿子或者女儿的名字）喜欢哪个乐队或者歌手呢？”

不喜欢在书上直接涂写的话，还可以贴便笺，也十分方便。

书籍不限种类，漫画、绘本一类看上去较为“幼稚”的书，也可以拿来分享。倘若父母可以和孩子一起重温自己小时候看过的漫画，把自己以前的事情讲给孩子听，对提高孩子的想象力能有很大的帮助。

我也曾尝试把小时候喜欢的漫画放在自家的书架上。某天回到家，儿子突然对我说：“爸爸，这套书真有意思！”我大吃一惊，没想到现在的孩子也会对父辈小时候喜欢的事物产生兴趣，转念一想，很多优秀的作品可能就是像这样从家长到孩子代代相传的。顺带一提，我和儿子都很喜欢的那套漫画叫做《妖怪人贝姆》。

在这里，我想再跟大家分享一个摆放书籍时的要点。不用在一个固定的空间设置书架，而是把书放在家里的许多地方，例如电视旁边、餐桌的一角、玄关的柜子、厨房的角柜或者卫生间……这样一来，书的品类也可以多种多样，从家庭成员的兴趣读物到时下具有话题性的新书，父亲工作相关的书籍，母亲的各种菜谱，等等。

这不是鼓励大家乱扔东西，而是让对读书萌生兴趣的孩子可以在家中各处随手找到读物。这样的方法能够提升空间的使用效率，从而让孩子随意地选择场所进行学习、阅读和思考。与此同时，不同的书籍可以让孩子留下对场所的回忆，从而打造出“留下深刻印象的空间”，对于培养孩子的思考能力和想象力有着非常积极的作用。

无论全家人共享一个书架，还是在家里的各个地方摆放书籍，这两种做法实施起来都很简单。

5. 充实属于母亲的空间

为了给心爱的孩子们提供更好的教育环境，母亲往往会削减很多自身的需求。但是，正如前文中也曾提到过的，对于“培养聪明孩子的家庭”而言，一个“让妈妈心情愉快”的环境是必不可缺的。看到母亲神采奕奕的样子，孩子也会觉得高兴。同时我也要强调，为了丰富儿童房的物质条件而削减父母的空间是没有意义的。所以，将这笔费用投资到“属于母亲的空间”里吧。

假如母亲是全职太太，厨房和餐厅是她经常使用的地方。所以，建议大家趁着房屋改建或重新装修的机会，将厨房打造成可以环视四周的设计。如果短时间内不打算对房屋进行大的改动，可以考虑换一个更加宽敞气派的餐桌，或者置办新的厨具，让母亲在家务的过程中能够享受更多的乐趣。

这与“培养聪明孩子的家庭”有关联性吗？答案是肯定的。“属于母亲的空间”更加整洁美观的话，母亲做起家务来也会心情愉快，而待在她身旁的孩子看到这幅景象自然也会跟着开心。而且，宽敞的餐桌也可以给“喜欢在餐厅做功课”的孩子提供更好的学习场所。

通过美化厨房和餐厅，母亲能够更加轻松愉快地面对家务事。这是一条通往“培养聪明孩子”的捷径。

以上举的是全职太太的例子，假如父母都要上班或父亲是家庭主夫，也是一样的道理。

6. 巧妙地向孩子展示“父亲的背影”

大多数的日本家庭中，待在家里时间最长的人是母亲。家长和孩子之间的沟通往往也是从母亲开始的。

所以在这种环境下，为了能给母亲提供更全面的支持，父亲的作用绝对不容忽视。那么在日常和孩子的沟通中，父亲可以善加利用的方法是什么呢？

答案是“父亲的背影”。

假设父亲和孩子共享同一个学习室，一个在伏案工作，一个在埋头用功。父亲在电脑键盘上打字，孩子在纸上奋笔疾书。此时并不需要交谈，父亲认真工作的样子，可以让孩子静下心来集中精力学习。

“爸爸工作的时候看起来特别可靠。”

此时此刻，“父亲的背影”让孩子打从心底萌生了信赖和尊敬。即使彼此之间没有多余的交谈，也可以让他们感到安心。

7. 注重招待客人的空间

为了培养孩子的沟通能力及想象力，通过日常召开“家庭聚会”，增加孩子和各式各样的人打交道的机会，是一个非常有效的办法。

这样一来，就需要大家在招待客人的场所上花些心思。这并不需要布置出宽敞的会客厅或环境雅致的和室，而是对现有的起居室加以充分利用。

例如，可以在起居室里摆放被炉或者圆形矮脚桌，营造怀旧的氛围；也可以在逢年过节时给每位客人面前摆上一个小饭桌盛放丰盛的菜肴，而出席者全体身着正装，像是在吃“怀石料理”一般，从而营造出一个“陌生化”的环境。

这种招待亲朋好友的郑重场合，一定要让孩子们也参与进来。一开始他们很可能感到迷茫或紧张，但这些陌生人与陌生的场景，会直接刺激孩子的感官，从而激发他们的想象力。

8. 打造能够通过五感去体会的空间

人类的五感，由味觉、嗅觉、视觉、触觉和听觉组成。

这是人类与生俱来的重要感知途径。发达的五感，和“培养聪明的孩子”有着非常密切的联系。其中，“视觉”尤为重要。

镜子可以给人带来种种视觉刺激，当然镜子和镜子也有区别。在这里，我想向大家特别介绍卢浮宫美术馆的玻璃金字塔所使用的超清玻璃。

普通镜子所使用的玻璃并不是完全透明的，边缘处都会微微发绿，这是因为玻璃本身含有铁元素。尤其日本的镜子大多使用蒸镀铝的方法制造，这类镜子映出的景象通常都会比实物颜色更暗。

卢浮宫美术馆的玻璃金字塔所使用的超清玻璃，完全去除了绿色的部分，实现了真正的透明。而且它采用的是纯银镀膜技术，让外部的镜面能够映射出清晰且颜色高度还原的景象。这是普通玻璃无法比拟的。人们通过超清玻璃材质的镜子看到的自己，也是以往未曾有过的清晰、自然。

在家中，我们也可以通过改变道具给孩子带来前所未有的视觉体验，新鲜的刺激对培养丰富的想象力非常有帮助。

9. 实现“书写交流”

21世纪，IT技术伴随着各种互联网产品，早已走进了千家万户。各位读者平时应该也会收发工作邮件，在网络上搜索信息，或是观看视频，浏览社交网站。

但是，人们对互联网和手机的过度依赖也是造成家人间沟通急速减少，家庭成员彼此孤立的原因之一。在这里我想建议大家，可以把互联网当成“书写”的工具来加以利用。

在第2章，我曾强调过“书写”是孩子与父母及兄弟姐妹沟通的重要手段。但是比起“对话”，“书写”的方式实施起来的确有一定的难度。

这种时候，互联网就可以发挥作用了。首先需要确保家里的Wi-Fi信号畅通，亲子之间可以每天互通电子邮件，也可以通过聊天软件留言。一想到提笔书写，可能很多人都会觉得麻烦，相比之下，拿着手机或是平板电脑打字聊天则要简单许多。

不过，我还是想给大家介绍一个在日常生活中增添“书写”乐趣的道具，那就是玻璃黑板。

玻璃黑板可以使用专用的马克笔在上面书写。而且格式、尺寸、材质都有很多种类可供挑选，安装的位置也十分灵活，装在玄关、儿童房的墙壁上，可以当做巨大的记事本、告示板来使用。有的玻璃黑板还能和电脑连接在一起，充当大屏幕。

从使用简单、增加趣味的角度出发，建议大家尝试在家里装上一块玻璃黑板。

10. 打造展示空间

为了加深家庭成员之间的交流，还有一个做法是将家里的墙壁作为画廊，在上面展示孩子的画作、书法，父母小时候的作品，或是有纪念意义的照片。把孩子努力完成的作品一直收在书柜或者壁橱里实在是太可惜了。

至于展示的位置，可以让家人自由地选择。然后大家围在一起，一边看着字画一边交流彼此的感想，或者分享回忆。还可以利用上文推荐的玻璃黑板，让孩子把自己的想法写在上面。

第4章

从建筑学的角度分析 “培养聪明孩子的住宅”

1. 能够实现“游牧民”（自由选择空间）式学习方法的住宅

在本书的第1章中，我们向各位读者介绍了11个“培养聪明孩子的住宅”的案例。从这些案例中，我们可以发现这些家庭的共同要素。在本章里，笔者（渡边朗子）将会从建筑学的观点，进一步为大家分析这些家庭的特色。

“培养聪明孩子的住宅”的第一个共通点，就是“游牧民”的生活方式。

所谓的“游牧民”是指并不局限在一个地方居住，而是根据不同状况自由地改变居住场所的人群。本书中所谓的“游牧民”，强调的是他们随机应变的生活方式。也就是说，“聪明的孩子”也会像游牧民一样，在家里自由地改变学习的时间和地点。而这也是各位读者可以学习借鉴的地方。

让我们来看看考上麻布中学的D同学的例子：他亲自动手制作了一个“移动书桌”，拿上它，他可以在家里任何一个自己喜欢的地方学习。

无独有偶，考上庆应义塾初中部的C同学也是这样的孩子。父母为了他的学习，特地把全家位置最好的房间给他，他却对父母特地为他安排的“完美儿童房”不感兴趣，反而乐于在和室、起居室等地方做功课，甚至上厕所时也拿着本书。

如果把住宅看作一个整体，那么孩子学习的地方不应局限在“儿童房中的学习桌”一个地方，根据所学科目和孩子心情的变化，只要是他们喜欢的地方，就可以作为学习的场所。从这个角度考虑，和室、起居室，甚至浴室和厕所，都可以让孩子安心读书。我把这种学习方式统称为“游牧民学习法”。

人在思考时，会受到四周“环境”“空间”乃至“气场”的多重影响。这个观点已经获得不少科学理论的支持。因此，在人的“思考”日渐成熟的过程中，他所需求的环境，也是不断变化的。

不局限于某个地点，而是根据情绪和思考的内容更换学习场所的“游牧民学习法”，正符合“环境变化论”的观点。也许有些读者会认为这个结论过于武断，但反方向考虑，我们已知的“气派儿童房”并不能100%提升孩子的学习成绩，这也是不争的事实。试着以“游牧民”的思维方式考虑问题，不失为一种解决之道。

● 1叠书房VS大开间——米开朗琪罗的学习室

让我们用历史名人来举个例子——大艺术家米开朗琪罗的工作室，可谓“游牧民学习法”的一个佐证。

米开朗琪罗的工作室兼住宅，至今仍在佛罗伦萨保存着。它是一个著名的观光景点，但也有不少游客对它并不熟悉。这座容纳了艺术巨匠米开朗琪罗的宅邸，与当时的富豪、艺术资助者美第奇家族的豪宅相比，当然要朴素许多，但作为建筑本身，它有许多值得研究的地方。

最令人感兴趣的，就是只有1叠（约1.65平方米）大小的书房。

这个书房的天花板比天井和其他开间都要低，是一个非常小的空间。右侧的墙壁上开了一个小洞，是当时女仆给他送食物用的。在人们的想象中，米开朗琪罗就在这样一个狭窄的封闭空间里构思出他那些伟大的艺术作品，工作起来废寝忘食，连女仆给他送来食物，他也视而不见——

但是，这个小书房其实并不是完全封闭的。

小书房与旁边的大开间有门连通，门关闭的时候，书房是个封闭空间；门打开的时候，书房和大开间就变成了开放空间。米开朗琪罗可以自由地进出他的书房和旁边的大开间。

想必只有在构思作品、绘制草图等“内省式创作”时，米开朗琪罗才会待在小书房里；一旦构思有了进展，需要将其具体呈现时，他会毫不犹豫地走向大开间，实施“体验式创作”。

人类思考的过程，可以分为“内省式”和“体验式”两种。米开朗琪罗的小书房，是有利于内省式创作的空间，尽管面积非常狭小（1.65平方米），但既可以让他有机会独处，又可以自由地出入其他房间，绝对是一个不可多得的地方。事实上，米开朗琪罗很喜欢他的小书房。

想象一下，米开朗琪罗在这个小空间里，放飞自己的想象，沉浸于思维的海洋，种种奇思妙想纷纷浮现；他抓住一丝灵感的轨迹，当即进入广阔的创作空间，用笔在画布上记录下新作品的雏形——能像他一样自由地创作，实在是一种幸福。

● 现代社会中的儿童房

看过了米开朗琪罗大师的例子，各位读者有何感想呢？

是想要学习他的做法，来培养自己的孩子吗？

针对这一问题，我们并非完全肯定或完全否定“儿童房”，而是希望大家对这个概念有更加深入的了解。

原本日本的住宅中并没有“个人房间”的概念，更不用说“儿童房”了。在住宅中为个人设置房间，是进入20世纪之后才有的事。

西山卯三先生在他的《住居考古学》一书中，首先讨论了日本家族之间的隐私问题。滋贺重列先生发表于1902年《建筑杂志》上的《家务改良论》一文，首次将这个问题与房屋建造联系在一起。

在传统的日式房屋中，通过拉门、障子等可以随意开关的设施，将室内外区隔开来，而室内就是一个完全通透的开放空间。进入20世纪后，一些进步知识分子认为日本传统住宅“无视个人尊严，不算是真正的住宅”，提出了改良的主张。此后，“传统住宅是落后于时代的老古董，要大力发展西式住宅”的意见成为主流，专属于个人的房间也从那时起逐渐普及。在当时的潮流中，担当中流砥柱的是见学于欧美、深受西方思想和生活方式影响的建筑师们。而富人阶层也以“西方化”的生活为荣。

“二战”后，这种“个人主义”的住宅在一般民众中也得到了推广。当时的关键词是“现代生活”——如果日本要成为一个现代国家，必须做到在住宅中确保个人的空间。在这一风潮影响下建造起来的住宅，内部被分成一个一个的小房间，以确保家庭成员个人的隐私，“核心家庭”就此完成。而这样做也确实有增加家庭内部劳动效率的作用。

其结果是，日本的家庭住宅衍生出了“DK”（餐厅+厨房）的概念。此前，人们吃饭、睡觉等活动是在同一个空间内进行的。白天大家围着矮脚桌吃饭，聊天，晚上就直接取出被子，全家人在矮脚桌周围睡成一个“川”字。“二战”之前，绝大多数平民过的就是这样的生活。然而，“DK”的设计将吃饭与睡觉的行为分隔开来，成为“二战”之后日本住宅的主流样式。随后，“L”（起居室）的概念加入进来，使得无论是公寓小区还是独户住宅，都以“LDK+n（n为独立房间的个数）= nLDK”来表示。那些经历了经济高度成长期的核心家庭，所居住的就是这样的房子。

那么问题就来了："nLDK"中的"n"指的是独立房间，将这一标准扩展至儿童，"n"中就起码包括一间"儿童房"。

重申一下，本书并不是要完全否定儿童房。事实上，尊重儿童的人权、促使他们在精神上自立，儿童房会起到重要的作用。

专门研究儿童居住空间的小川信子先生在她编著的《儿童与居住》一书中，针对孩子的成长，特别提出"在儿童从物品到空间的环境认知发展过程中，儿童房具有重要的意义"。在儿童的成长过程里，拥有一个从物质到精神都专属于他们的领域（即儿童房），其重要性不言自明。特别是，现在的孩子们上学、上补习班，一般都会积累大量的学习材料和工具。他们如何在自己的房间里整理、利用这些东西，也是个人能力的一种培养。

但是，正如前文所述，"气派的儿童房"并不意味着培养出聪明的孩子。

面积过大的儿童房，与父母的房间和起居室缺乏交流、却能直接出门的儿童房……这类房屋已经被公认为“犯罪”的温床。曾经轰动日本的“新潟监禁少女案”“神户儿童连续遇害案”“宫崎勤案（连续诱拐幼女杀人案）”等恶性案件，其中一个共同点就是，罪犯在家里住的都是与父母缺乏交流、父母无法介入其生活的“孤立空间”。

因此，儿童房是否要设置，如何设置，是一个需要严肃认真考虑的问题。

● 考生是“思考的游牧民”

综上所述，儿童对于“独处”空间的需求，是他们成长过程中不可或缺的一部分。在属于自己的房间里，他们会在精神上感受到安心和舒适。

然而，这个空间并不需要很大。很多家长站在自己的立场上，觉得应该给孩子提供最好的条件，于是儿童房里不光有学习和睡觉的空间，还有游戏机、电脑等，可谓功能俱全。但从另一个角度看，“功能俱全”意味着“孤立”，假如孩子不需要出屋就能获得他绝大部分的需求，这个房间就会给他带来负面影响。

再回忆一下米开朗琪罗的房间吧：这位伟大的艺术家，用于思考的房间不过是一个1.65平方米的蜗居，一旦他开始真正的创作，就会走出书房，选择他喜欢的地方，不仅限于家中的大开间，就连街头他也能创作。

对于孩子来说，生活的“基地”绝不是他们的个人房，而是整个家庭。

那些需要参加升学考试的孩子，正是需要在家庭整体空间中选择适合场所的“思考的游牧民”。这些小小的游牧民们，一边在家中寻找自己喜欢的地方，一边快快乐乐地学习，让知性得到成长。

家长需要做的，就是准备一个小小儿童房的同时，给孩子在家中自由活动、自由选择的空间。比起豪华的房间，这种能够提升他们思维能力、促进自身成长的环境，才是难能可贵的。与此同时，我们也希望孩子们能够从“寻找自己喜欢的地方”的行为中获得乐趣。

2. 能够感知到其他家人气息的墙壁

想让孩子认真学习，大多数家长的做法都是给他们一个儿童房。想让孩子学习成绩好，专属房间和专属学习桌是必不可少的——这几乎是不成文的规定。然而，读到这里的各位读者应该了解，儿童房对孩子的成长和学习成绩而言，并非必要。

在本书第1章的实际案例中我们可以发现，假如只谈论“学习”，那些考上优秀初中的孩子，没有一个把自己闷在房间里不出来的。事实上，如果待在家长看不到的地方，很多孩子的学习效率很低。这并不意味着家长要时刻看着孩子，而是由孩子的心理决定的。

不过，大多数家庭已经为孩子准备好了儿童房。按照此前所说的理论，这些儿童房就没用了吗？也不尽然，我们需要认真考虑一下。

儿童房，如前文所述，是“二战”之后流行起来的概念。将孩子看作一个独立的个体，让其拥有自己的房间，是从西方国家流入的一种文化。但在西方，这种“个人主义”是贯彻在他们生活之中的，很多儿童房甚至拥有独立的浴室和厕所。在他们的住宅里，除了自己的床之外，其他地方基本上可以穿着外出的鞋子走来走去。而西方人的“私人空间”所指的就是他们的个人房间，只要踏出自己房间一步，哪怕是在家中，也会认为进入了“公共空间”。他们的房间设置，与其生活方式是相匹配的。

日本的情况则不同。一个家庭被看作一个整体，拥有共同的“私人空间”，家中则不会刻意划分出属于某个成员的领域，顶多使用拉门、障子等物品作为区隔，而它们都能很轻易地打开或关闭。在这种环境下，家庭内部的空气是流通的。也正因如此，人与人之间微妙的距离感、沟通的方式，都能在这样的家庭住宅中培养出来。

这种家庭成员之间的关联性与距离感的平衡，就是东西方家庭最大的不同之处。当然，20世纪之后，东方国家也开始尊重个人主义，人们的独立性和隐私有所加强，然而毕竟不能和欧美国家相比。那么，问题的关键就在于，作为既需要整体性又有一定个人性的东方家庭，真的需要照搬欧美家庭住宅的模式吗？

这个问题，同样发生在对孩子的培养上。

以前的日本住宅会在房屋中央放置地炉，这里也是孩子们接受教育的地方。

孩子还小的时候，母亲会背着他们在灶台边做饭，他们长大后可能不会记得这样的场景，但食物的香气仍能给他们留下印象；等他们上了小学，会围在灶台边做作业，遇到不会的问题，抬头就能询问父母；做完了作业玩耍时，看到母亲做家务、照顾弟弟妹妹的场景，也会有样学样地模仿。在这个过程中，孩子不光用眼睛看，还能用耳朵听、用鼻子闻、用嘴尝、动手做……五感都得到了锻炼。

在这样的环境中一路走来的父母和孩子，突然把他们扔进个人房间里，会有什么样的结果呢？

让我们再来看一看第1章中提到的那些案例。

案例中的那些孩子，不论有没有自己的房间，都会选择能够感觉到家人气息的地方作为学习场所。例如考入庆应义塾初中部的C同学，选择了父母所在的和室。而考上麻布中学的D同学，更是通过自制学习桌的方式，跟着母亲行动的轨迹学习。

假如母亲是全职太太，孩子们往往会选择离她较近的地方，如厨房、客厅、茶室等。他们拿着书本和作业，把母亲周围变成一个小小的学习空间。奇妙的是，不论是燃气灶还是传统地炉，母亲身边、靠近炉火的地方，总能激发孩子们的学习热情。

由母亲带来的奇妙的安全感，和抱有这种奇妙安全感的孩子一起，共同构成了让孩子集中精神、努力学习的优良环境。

那么，那些已经设置了儿童房的家庭，要如何灵活使用儿童房，培养出聪明的孩子呢？

✧ 要点1

“即使空间被分隔开，也要能够感受到彼此的存在。”

这是最为重要的一点。具体说来，就是在那些用来分割家庭内部空间的门、窗处使用的素材上多下功夫，让家庭成员们即使无法直接看到彼此，也能感受到其他人“气场”的存在。

举例说来，孩子们学习的空间和大人们活动的空间，要用“什么东西”来做隔断呢？是选择隔音隔热性能良好的厚重大门，还是采用既透光又不隔音的传统屏风？隔断材料不同，整个家庭中的氛围也随之大不相同。

当然，很多西式住宅的设计，是不允许人们将大门换成屏风的。这样的话，可以考虑把儿童房的门打开，或者干脆不设门而用窗帘代替，也能达到类似的效果，既能为孩子们营造一个独立的空间，也能让家人随时察觉彼此的存在。

✧ 要点2

“让房屋中分隔空间的墙壁，成为亲子间沟通的纽带。”

在第1章的案例中登场、考上樱荫中学的G同学，把自己的书法作品贴在了房间的墙上。像她家这样，把孩子的目标、绘画作品，乃至作文贴在墙上，是不错的做法。把孩子的表现和留言贴在墙上，并不只是对他们的嘉奖，还可以让儿童房及与儿童房相连的走廊等场所成为孩子的“信息发射站”，以达成家长和孩子不间断的交流。这样一来，原本毫无意义的墙壁，变成了“有故事的墙”。

家长也可以多看看孩子房间里的装饰品，或是墙上贴着的东西，那些正是他们目前热衷的事物和未来的目标。有时候，这些物品传达出的信息比直接问孩子更加准确。此外，确保墙壁或其他隔断的通风也是相当重要的，通风良好的环境有利于家人之间的交流。

当今住宅内部用来分隔空间的都是墙壁和门，想要通过改造变成像传统房屋一样的开放空间，是不太可能的。然而，在细节上下功夫，在西式住宅内部打造出父母兄弟和乐融融、彼此畅所欲言的效果，却不难做到。

对于住宅的硬件不用要求太高。房屋是否豪华，在能否培养出聪明孩子这个问题上，出发点是相同的。让迟钝的孩子住进豪宅，头脑也不会变聪明，就是这个道理。

但我们要认识到重要的一点：家庭是我们生活的“根据地”，是支持成员进行各种活动的平台。因此，灵活运用住宅的各项功能，对于经营家庭成员之间的关系至关重要。把厚重的门扉换成轻薄的窗帘也好，把孩子的作品挂上墙壁也好，如果把它们看做独立的行为，一时可能看不到什么效果，但对孩子来说，这些影响是旷日持久的。如果大家能够从给孩子长远影响的角度看问题，就一定能体会到活用住宅功能的重要性。

以前，日本是用“间”来表达居住空间这一概念的。但它的含义并不止于此，还包括人与人之间的距离。人与人之间的距离，不光有物理上的，还有心理上的，这与欧美的“个人空间”不谋而合。日本人所谓的空间利用，不单指规划住宅，还有平衡人际关系的含义。而“家”的概念，也是以此为中心的住居空间。从字面意义上看，有人居住的“间”，自然就是住居空间了。小津安二郎导演对传统日本“居住空间”的描写，可谓炉火纯青。他电影里的那些家庭，成员在互相交流想法、做法的同时，将自己居住的房屋视为彼此存在的共同体，这也正是“间”的含义。

“间”这个概念，从中世以来，随着佛教文化的发展，与“空”“无”等概念一起，包含了许多精神层面的元素。具体说来，我们的家由怎样的空间构成，空间之间有着怎样的关系，是以传统文化为前提的重要课题。而实际上，我们的生活空间仍在日益西方化，在个人主义驱动下的“个人房间”仍牢牢占据主流，受传统文化影响的家庭越来越少。

然而，对于生活在现代社会中的孩子们来说，比起漂亮的儿童房，能够与父母兄弟随时沟通的公共空间更能激发他们学习的兴趣（正如本书第1章中介绍的案例那样），也是不争的事实。笔者的目的，也是希望各位读者在建造或装修自己的房屋时，能够从不同的角度思考。

3. 敞亮通风的住宅

从本书介绍的案例中可以看出，培养出聪明孩子的家庭，都是亲子间沟通良好、善于灵活使用住宅功能的家庭。

例如考入荣光学园中学的A同学，他们家在起居室中央放了一个乒乓球台，用来代替桌子。

为什么要在起居室里放乒乓球台？

A同学的家是一座两层楼的独栋建筑，儿童房在二楼，是很常见的住宅类型。母亲非常担心自己的孩子一放学回家就直接上二楼，闷在自己的房间不出来。因此她想出一个办法：在起居室放一张乒乓球台，A同学回家后看到它，总是忍不住要在上面玩一会儿，这样就不用担心他会直接上二楼了。

又如考上早稻田实业学校初中部的H同学，他们家的厨房和孩子们的活动空间之间没有墙壁，取而代之的是一个大架子。在架子的一角设置了“家庭邮箱”，母亲和孩子每天都会互相“写信”，像这样将分隔区域作为沟通道具来使用的做法，实在非常巧妙。

乒乓球台也好，家庭邮箱也好，都是用一种相当轻松的方式实现的。用它们来加强家庭成员之间的沟通，从而达到为孩子创造良好学习环境的目的。

● 洄游式沟通

所谓的“洄游式沟通”是实现本书所主张的“感受家人的气息”和“游牧民学习法”的重要一环。

“洄游式沟通”是指在家中打造一个可以无拘无束、自由活动的格局。听起来似乎很复杂，但其实很容易做到。那就是保持家中的明亮通风。

本书中一直强调“感受家人气息”的重要性，为了实现培养聪明孩子的目标，这一点怎样强调也不为过。而“通风”是做到这一点的基础。这里所说的通风并不仅指空气流通，还有让家人之间随时感受彼此的存在、感知彼此的变化的含义。

通风良好的家庭，一个很大的优点是新鲜空气能够源源不断地进入房屋内部，让人的身体首先感受到舒适。

另一个优点则是，通风可以让家族成员之间保持适当的距离和开放式的沟通。大家既可以专心于自己的事，又可以知道其他人所在何处，从此获得安全感，令家中的“氛围”也轻松地流动起来。对于家庭而言，这应该是一个必备的要素。

那么，如何让自己的家成为“通风良好的家庭”呢？

笔者认为，需要确保家庭空间的“柔软性”（flexibility）。

读到这里，有些读者可能又认为我在卖弄学问。其实不然。这里所说的“柔软”是指将房屋中的各类隔断改成较为轻薄的材质，让空间既保持独立性，又不至于封闭。

例如连接玄关、走廊和起居室的门，假如不用普通的木门，而是大胆采用透明的玻璃或树脂材料，那么在起居室里的父母即使不刻意起身，也能看到孩子回家时的表情和精神状态——孩子在学校里过得好不好？这也是父母应该关心的事情。

当然，不管是怎样追求“通风良好”的住宅，考虑到隔热和隔音，墙壁和门都是必需的。但只需要做一些小小的改变（如使用更多的透明材料），就可以达到更好的沟通效果。假如在结构相同的房子里，起居室与走廊的门使用不透明的硬木门，家长就看不到孩子回家时的状态，可能会因此错过与孩子沟通的良机。

● 视觉的沟通

“敞亮”对于家庭而言也是很重要的。让我们用另一个实例来说明。

我曾经设计过一所名为“Hub House”的住宅。这个家庭的特征是，孩子们和家长的住处是两幢互相分离的楼房，二者之间以一个半地下的起居室作为连接。而且从整块土地的形状考虑，玄关需要设置在孩子们那一边，他们不需要请示父母就可以自由地出门。

这所住宅的种种条件，都像是在和本书所主张的理念唱反调。

不过，既然笔者将它作为实例，自然有其非同寻常的地方——在实际生活中，这家的孩子回家时，母亲总能在起居室里和他们打招呼。

她能做到这一点的原因正是墙壁的材料。属于孩子和家长的两栋楼，在靠近中庭的一侧墙壁上都使用了大面积的玻璃。这是重视“视觉沟通”的设计。无论是孩子还是家长，他们的房间都同时处于“观看—被观看”的状态。这也与第2章中描述的教育空间的特征相吻合。

结果，尽管孩子们不和父母住在同一栋楼里，但他们无论是出门还是回家，都能看到父母在哪里，在做什么。到后来，他们反倒养成了用眼睛确认母亲位置的习惯。

“通风良好的家庭”，并不只是空气的流通，视觉上的敞亮和开放也是必需的。为了实现这一点，我们需要更进一步，尝试打造“洄游式空间”。

从本书案例中可以了解到，通过打造让孩子和大人都能自由行动的空间，提升家族成员沟通的质和量，就能够成功营造培养聪明孩子的住宅。

在家中“洄游”的意义在于，孩子学习累了，为了给自己放松一下，或是找找灵感，可以在家里转转，和父母、兄弟姐妹聊聊天。从这个角度说，“洄游式空间”也是激发创造性的空间。

很多作家和学者在讨论“如何提升思考效率”时都会提到，长时间枯坐在桌前，效率往往不高，像动物园的熊一样在家里兜兜圈子，反而有益于思考。身体活动的同时，也会让头脑得到锻炼。

● 洄游式空间是思考空间

让我们把话题回到“间”这个概念上。此前也说过，洄游式的空间是培养聪明孩子的重要因素之一。而这种“洄游式交流”其实源自古建筑中的“回廊”。

古代的寺院建筑中都会包括“回廊”这一结构。它最初广泛应用于佛教建筑、宫殿等处，后来又扩散到神社建筑。其原本的功能是将较为神圣、重要的部分围合起来，并非只起到单纯的通行、连接作用，而是仪式的一部分，通过反复绕行启迪人们的思维。某些时候，回廊也会围合出一个较大的空旷空间（如中庭），其中可以栽种树木花朵，令人感受到自然的气息。在这种近似于“小宇宙”的空间里冥想、思考，哲人们往往能够获得新的发现。因此，所谓的“洄游式空间”自古以来就是思考空间。

现在我们居住的房子不太可能有气派的中庭和回廊，但把这种思想加入现代的住宅中，达到洄游式交流的效果，也不难做到。比如此前介绍过的，将经常开关的门改为玻璃等透明材质，人的视野一下子就拓宽了。

在第1章中介绍的、那位考上荣光中学的同学家中，他的母亲不光在起居室放置了乒乓球台，起居室与厨房之间的架子也被改成玻璃板。这样一来，孩子一进入起居室就能看到母亲，而母亲也能随时观察到孩子。只是一个架子的配置，体现了母亲的用心，也让孩子发生了很大的变化。

归根结底，要实现“良好的通风”“洄游式空间”的效果，并没有一定之规，大家可以开动脑筋想办法，对视觉、听觉等人类的基本感官进行多方面的刺激，从而提升家人之间的交流。

例如，窗帘及布帘可以产生“只闻其声不见其人”的效果，而玻璃门窗刚好相反，“只见其人不闻其声”。墙上贴着的海报可以供其他人观看，即使本人不在场，也能表达自己的一部分见解——以上这些都是有效的做法，将它们灵活组合，实现家人间的沟通，是我们需要达成的目标。“如何打造良好的空间环境”这个问题，没有唯一正确的解答，本书中提到的案例也仅供各位读者参考，希望各位能够从中获得启发，在自己的家里下功夫，调动家人的各种感官，以此培养出聪明的孩子。

● 西方的“洄游式空间”

实际上，西方的住宅建筑也十分注重“洄游式”元素。

近代建筑大师密斯·凡·德·罗就是一位重视人与人之间交流的人物，他在作品中经常体现出这一点。

密斯的代表作之一——图根哈特别墅中，寝室都设计得很小，供一家团聚、儿童玩耍的空间则获得了优待，不光面积很大，且设计相当别致。密斯在这座宅邸中，实现了让住户自由自在活动的开放空间。即使是在尊重个人主义、每个人都拥有独立房间的西方住宅里，他也营造出了“洄游式”开放空间的感觉。

宅邸主人图根哈特夫人对这所房子做出如下评价：

“密斯所设计的内部空间，让生活空间在‘光’这一层面得到了再生，广大的空间可以由人自由支配，并与其他封闭空间形成了绝妙的节奏感，堪称艺术。”

密斯的另一代表作——范斯沃斯住宅，其中除了浴室外，其他空间没有一扇门，全都是通透的。这无疑是一个更为大胆的设计，也体现出“洄游式”更大的可能性。

从密斯的作品中我们可以看出，在追求人与人之间沟通这一点上，东西方建筑师所追求的目标，其实是相同的。

4. 立体空间宽敞的住宅

（*原标题用“阿童木飞翔”来形容空间宽敞）

我们已经讨论过“培养聪明孩子的住宅”在平面上的一些特性，接下来，我打算和大家谈谈它们在立体空间上的特色。

上一小节我们提到了建筑大师密斯，他设计的住宅很好地体现出“洄游式空间”在平面上的特征。而与他齐名的另一位大师，则在垂直方面的空间设计上别出心裁，那就是勒·柯布西耶。

柯布西耶以20世纪前期的新兴大工厂为中心，在建筑设计中体现出“循环”理念——居住、工作、休息、学习，与之对应的是人们在生存、劳动、精神与身体上获得的锻炼。他以这些理念为中心，倡导全新的生活形式和“健康”“创造性的”住居概念。他的作品被认为具备了“机械美学”。

在柯布西耶的理论中，住宅各个房间和空间的联系，大多是通过垂直方向来实现的。他也将这一理论贯彻到自己的作品中，做出了许多在垂直方向上灵活使用空间的设计。

在本书第1章中提到的、考入费丽斯女子中学的那位同学的家，就是一栋三层建筑，在垂直方向上，他们通过“声音”来彼此交流，达到了不俗的效果。

在垂直的两个空间中，视觉被阻隔，家庭成员看不到对方身在何处，然而在他们家里，母亲做饭时菜刀撞击菜板的声音、父亲读书时翻动书页的声音、孩子们玩耍时发出的声音……各类声音交织成一首独特的“交响乐”，流淌在每个家庭成员的耳朵里，在听觉上向彼此传达出一切。与此同时，他们之间又保持着适当的距离，每个人都不会打扰到对方。

当然，垂直空间还可以利用“通风”来彼此感知，这与前文所述的“通风良好的空间”在道理上是相通的，大家可以举一反三，提出自己的见解。

● 拥有三个LOFT的家

我曾经设计过一个大量使用“LOFT”格局（一般是高举架的小户型）的住宅。

我将它称为“阿童木飞翔之家”。地点是车站前的商店街，对于住宅建筑而言，可以说是很不理想：形状不规则，最窄的地方不到3米，周围已经盖满了其他建筑，采光也很差劲。

尽管如此，我还是为客户规划出一所一楼开店、二楼自住，同时拥有三个LOFT的住宅建筑。东南侧的屋顶挑高，确保采光，三个LOFT使用透明的格栅做出桥状连接，从孩子们的房间还有通路可以直接登上LOFT。

孩子们在自己的房间里就可以登上LOFT，通过格栅桥在三个挑高的空间内自由玩耍。当他们玩累了，也可以通过开放式楼梯直接下到起居室。这样一来，孩子在家中也能像在田野山林里一样锻炼体力，在光照充足的房屋里四处游玩，可以说是一种立体的“洄游”。

而且，在开放式的挑高空间中，还设置了孩子们非常喜欢的阿童木玩具，孩子们玩耍时，就像和阿童木一起飞翔一样。因此，我才将它命名为“阿童木飞翔之家”。

这个家庭在搬入新居之前，一直住在高层公寓楼里，大人和孩子都有睡眠质量不高的问题。搬入“阿童木飞翔之家”后，也许是因为孩子总是爬上爬下地玩耍，消耗了大量体力，竟然连睡觉都变得香甜。

这种灵活利用垂直空间的做法，和家长带着孩子去公园，让他们在梯子、脚手架上爬来爬去，效果是类似的，都可以锻炼孩子们的头脑、身体和平衡性。

当然，设置挑高空间的住宅，在采暖制冷上的开支会比一般房屋大一些，但考虑到家人的心理健康、良好沟通，以及锻炼孩子们手眼协调性等功能，它还是物超所值的。

5. 培养丰富想象力的住宅

这一节中，我想针对“培养聪明孩子的家庭”的空间设计，讨论一些具体的要素。

根据前文所述，聪明的孩子往往不会在自己的房间里，而是选择家中让自己感到最舒服的地方学习。他们的选择很可能是无意识的，但都做到了“游牧民式学习”或“洄游式沟通”。

这些孩子选择的学习地点，一般是既能让人集中注意力，又不会切断与他人联系的空间，比如厨房、餐厅的一角。

——正因如此，如果我们想要着手打造一个让孩子喜欢的学习空间，首先要注意的就是不能把它完全封闭起来，而是要让孩子在里面也能感受到家人的存在，从而获得安全感。同时，通风良好、光照充足、活动方便，这些都是“加分项”，对孩子和家长都有所帮助。

● 大环境共享

在讲述“培养聪明孩子的家庭”时，我突然想到了以前在电视上曾经看过著名作家大江健三郎（诺贝尔文学奖获得者）的住宅。

在他的住宅中，居住空间和餐厅厨房是一体的，是一个光照充足的广阔空间。大江先生就坐在沙发上，用钢笔在原稿纸上写作；离他只有几米的地方，他的儿子——一位音乐家，正戴着耳机用电子钢琴作曲。不远处的厨房里，妻子正在准备一家人的晚饭。

这是一个典型的“具备创造力的家庭”的画面。

家人共享一个大房间、一个大环境，对于他们来说，这正是“家”的意义。大家一边保持着自己的步调，一边互相影响，从而进行各自的创作与学习活动。这样的空间，能够最大限度地激发家庭成员的创造力。各位读者也不妨向大江先生学习，让自己的家中充满创造性的氛围。

6. 让孩子的大脑和身体同时动起来的住宅

● 以“唯脑论”观点看“培养聪明孩子的家庭”

我与知名作家养老孟司先生（代表作《傻瓜的壁垒》）一起参加电视节目时，曾有一段意味深长的对话。细节已记不太清，因此仅将大意摘录如下：

“一个健全的人，其大脑和身体应该是平衡的。但如今生活在城市里、大量从事脑力工作的现代人，大多只用头脑是否聪明来判断一个人，完全忘记了‘身体’的自然意义，但人类毕竟无法完全抹消身体的存在。因此，我认为现代人对脑力的依赖过剩了，应该走出城市，接触自然，找回身体对自然的感觉。”

养老孟司先生的这番话，对于“培养聪明孩子的家庭”也有重要的意义。

对于那些为了让孩子好好学习，就给他们准备封闭儿童房的家长来说，他们的思维方式就是偏向“脑力”

的，认为只有头脑好、学习成绩好才是聪明孩子，实际上往往事与愿违。而那些孩子在家中可以自由玩耍、与家人自由沟通，乃至能够通过一家人一起干活而学到知识和技能的家庭，反而容易培养出聪明孩子。

这是因为，大脑的活跃并不是孤立的、静止的。生物大脑在思考的过程中，要吸收各种各样的信息，受到不同类型的刺激。人类作为智慧生物，通过身体的活动来积累经验，并将其记录在大脑中，是各种创造活动的开端。

通过学习来吸收知识，目前仍然是主流思想。但从本书介绍的案例来看，为孩子创造一个让头脑和身体均能获得适度活动的环境，更有助于他们的成长。各位读者也可以尝试一下。

● 家=半成品?

很多人在住宅建造或装修完毕后，就会把它当作一个“完成品”看待。但实际上，随着时间的流逝，住在这所房子中的人都是会变化的：年龄、家庭构成、工作、兴趣……因此，“住宅”不可能一成不变。

我们的“家”永远是一个“半成品”，它应该与住在其中的人一起成长。

我想以自己的家作为例子，向各位读者进行说明。其中或许有些个人化的感想，相信大家能够明白。

我成长的家，是一个“玻璃房子”，这不是比喻，而是事实。我家的住宅使用了大量玻璃材料。家父是一位建筑师，而且是上文中提到的建筑大师密斯·凡·德·罗的学生。他从美国留学归来后，就建成了这样一个实验性住宅。

这个“玻璃房子”的户型有点像一个小型的现代办公室。墙壁全部以玻璃和铁构建，这在当时是很罕见的事情，不少建筑杂志都做过专题报道。二楼是居住空间，一楼全部以底层架空柱支撑*，是现代建筑的典型范式。

---

* “底层架空”是柯布西耶主张的“现代建筑五要素”之一，指建筑物底层不设置房屋，只有结构的柱子延伸下来，架空的部分作为公共空间。——译注

密斯对空间的定义是“无限制”，指的是不为空间预设功能，而是打造具备多种用途的开放空间。与外部的分割则使用玻璃墙，让外界景色一览无余，在房间里的人也能获得与自然和谐的感觉。

深受密斯影响的家父建造的“玻璃房子”，在日本狭窄的土地上达成了优秀的“洄游”效果，开放式的巨型玻璃窗和玻璃墙也功不可没。

我就是在这样的房子里成长起来的，它给我的影响非常重大。直至今日，我在封闭空间或开窗方向有问题的房间里仍会感到不舒服，相反处于开放空间中就会心情舒畅，创造力也不可同日而语。

当然，这所房子留给我的也不只是美好的回忆——全部由玻璃建造的房子，夏天热得要命，冬天又冷得要死。归根结底，纯美式风格的建筑本就不应该生搬硬套到日本来。更何况，由于窗子全部都是开放式的，考虑到隐私问题，房子周围不得不加装围墙，内部也增设了不少屏风隔断，总之，对它的改建一直没有停过。

一楼的底层架空柱也进行了部分加建，看上去就像给“玻璃房子”穿了条裙子一样。不过在我们看来，房子像人一样，随着季节穿脱“衣服”，也是颇为有趣的一件事。

这样的“玻璃房子”经过岁月的洗礼，其形态也发生了变化。家父在其著作中也提到过，“我家的房子就是一本教科书”。对此，我的看法也是一样，这座“玻璃房子”一直是半成品的状态，我们也能从中学到不少东西。

夏天要如何让家里更加凉快，冬天又如何取暖？这样的房子要改建无疑非常麻烦，对于住在其中的人，更是如此。但通过家人的共同努力，用我们的手让它变得更加适合居住，更加接近每个人心目中的理想住宅，对它的感情也日益增加。这些共同的经历是我们家人的宝贵财富。

我本人也参与了很多次房屋修缮，试着通过一些小措施让房子更舒适。从这种活动中获得的畅快感觉，用似乎难以用文字形容。我现在从事建筑专业工作，就是受了家庭的影响。

当然，我家的“玻璃房子”是个特例，一般读者很难遇到。但我们从中总结出的经验是：“住宅是与家庭共同成长的半成品”。

我们的住宅都是“半成品”。然后，集合家庭成员们的力量，共同把它打造成更加宜居的场所，在这个过程中加深彼此的沟通交流，培养彼此关于“生活空间”的知识和技能，这才是真正的“家”。同时，这也是养老孟司先生所说的“不光动脑还要动手”的家。

话题似乎有些扯远了。从“培养聪明孩子的家庭”说到了“半成品住宅”，然而，所谓的“半成品住宅”也是“全家人一起建设的住宅”。

在考上筑波大学附属中学的F同学家里，父母会带着孩子亲近大自然，并且教给他们维修保养房屋的知识。这已经成为这个家庭日常生活的一部分，久而久之，孩子们在逐渐掌握保养房屋、构筑生活空间知识的同时，头脑和身体都得到了锻炼和学习。

“家”是每一个家庭成员的港湾。如果每一个人都把它看做半成品，不断完善它，用心呵护它，那么它也会保持鲜活的生命力，并且一直延续下去。

7. 培养聪明孩子的街区·培养聪明孩子的国度

此前我们介绍了“培养聪明孩子的住宅”的特点，接下来，我想通过具体案例来谈一谈如何实现这个目标。

● “聪明孩子”的标准

如果只举出一两个例子，恐怕难以说明什么样的孩子才是聪明孩子。但像本书第1章中介绍的那些孩子，毫无疑问都是“聪明孩子”。

可能有些读者已经注意到了，这里所说的“聪明孩子”并不单指考试成绩好的孩子——好奇心强、观察事物的能力出众、善于思考、敢于面对挑战、富有感性和创造力、善解人意……这些都是“聪明孩子”从小体现出的人格魅力。

“聪明孩子”的五感往往都很敏锐。其中一个重要原因，就是他们的家庭生活都很愉快，并且在家中就能让各项能力同时得到锻炼。相比之下，考上重点中学只是一个“结果”，是他们积累下来的实力的体现。

在建筑学领域，有“环境造就人”的概念。将人与其所处的环境——在本书语境中是“家庭环境”——综合考量，包含家庭住宅在内的住居环境，会对人产生影响；反过来，人的行为也会作用于环境，让环境产生很大的变化。建设住宅、整备周边环境时，都要考虑这种双方面的影响。

因此，深入挖掘“培养聪明孩子的家庭”这个问题，实际上需要从多个方面进行综合考量。

从育儿角度讨论住宅建造时，家庭内部绝不是唯一的要点——住宅的周边环境，从窗户能看到怎样的风景，包括住宅在内的街区规划，都是对儿童成长有着巨大影响的要素。

例如，家庭住宅位于怎样的街区之中，从起居室和儿童房的窗户向外看，所见的景色给人带来何种观感，孩子上学放学的路上要经过哪些地方——这些要素对应着孩子们的“五感”，会让他们的感性认识得以积累。

故而家长们在考虑“如何培养孩子”时，不仅要重视住宅内部的状况，也要考察周边环境。这一点在儿童教育界也是相当主流的观点。

● 看不到外面的狭小住宅

这类住宅包括两种，一是小户型的独栋，二是当下十分流行的超高层公寓楼。

首先我们来谈谈小户型。出于各种原因，现在的地价节节攀升，加上遗产税等问题，很多人越来越难维持自己的土地。越是大城市，这种倾向就越明显。因此，很多本身规划得相当不错的住宅区，现在已经胡乱建满了房子，以前用来建一栋房子的土地，现在至少要建3～4栋房子，多的甚至能达到5～6栋。

还有一点，人们在规划住宅时，“土地”和“建筑”的预算往往是一体的，花在土地上的钱越多，用来建造房屋的钱就越少。结果，很多人在买下土地之后，根本无法建造出自己理想中的房屋。

在这种情况下——原本只能建一栋房子的土地上，现在建起了好几栋狭窄的小房屋——很多房子打开窗之后，看到的只有邻居的院墙。更有甚者，明明开了窗子，却连当天天气如何都看不出来。

此前我们强调过很多次，人是需要对外界进行探索的生物，通过观察、见闻获得的信息，对人的价值观和精神世界的构建有着很大的影响。对于孩子来说，这种影响尤其明显。大家常说的“心情不好时去外面走走，看看花草晒晒太阳”就是这个道理。因此，明明花了大力气盖起属于自己的住宅，却连外面的景色也看不见，实在是一件很可惜的事。

当然，即使是狭小的住宅，也能改造成对孩子成长有所裨益的住宅。但是，从目前东京等地流行的独栋住宅样式来看，还是让人疑惑——“难道不能采用与周边环境结合得更好的设计吗？”为了让孩子们从环境中吸收到更多的知识和信息，磨炼自己的五感，即使是相同面积、相同预算的房屋，也应该做出不同的感觉才对。

● 唤起人们欲望的超高层公寓

其次，我们来谈谈超高层公寓楼。

近几年来，东京等大城市周边的超高层公寓楼如雨后春笋般涌现出来，各类新闻和电视节目也纷纷为它们做宣传。

只不过，把超高层公寓作为孩子的住宅，可能会出现一些问题。

有这样一种观点：站在高处向下望，会让人的欲望膨胀。古时候的国王或统治者，大多把自己的宫殿建在高处。他们从上往下俯视自己统治的臣民和土地，是权力欲的一种体现。究其原因，越是拥有权力的人，就越担心自己的安全，尤其是提防来自背后的突然袭击。住在高处可以让他们更好地掌控自己的居住环境，从而获得安全感。当然，还有一个原因就是自古以来人们就认为“高=好”，因此最高的地方也是最尊贵的地方，当然要给国王居住。

这也是人们会将“住在高处”与“虚荣心”联系在一起的理由。

然而，现代的公寓住宅和古代的宫殿完全不同，这个观点似乎不大站得住脚。只不过，超高层建筑难以避免的一个问题，是它们把人与“自然”和“大地”完全割离开来，只是一个水泥盒子而已。

这样的位置真的适合需要培养丰富感性的孩子们住吗？

如果住宅周边有较大的公园，也不失为一种补救的手段。例如同样拥有很多摩天大楼的纽约，也有以中央公园为代表的多个公园，因此能够维持城市中的平衡。人们除了在钢筋水泥丛林中生活之外，也有机会在公园中散步、戏水、骑自行车来放松自己。高层建筑与大面积公园，分别代表了“城市”与“乡村”的特征，能让人们的头脑和身体张弛有度。当然，生活在纽约的很多家庭都在附近的新泽西州与康涅狄格州拥有别墅，这些人家的孩子不会缺少接触自然的机会。

实际上，东京市内的绿地面积并不少，与世界上其他超级大城市相比，市民能够享受到的自然气息是相当多的。但是，近些年逐渐流行的超高层公寓破坏了城市的平衡性，许多高层建筑是填埋河川后建起来的，其设计和结构也像是“复制粘贴”一样，这就成了一个大问题。

因为我们的高层住宅采取的是综合设计制度，容积率、限高、挑高空间、开放空地等，都有十分严格的规定。由此，公园等空间也受到了限制，能将这些空间灵活使用的案例少之又少，大部分只是在上面种几棵树、放几把长椅而已。这与有益人们身心的自然环境大不相同，对于生态系统也没有什么积极的作用。

从这个角度看，城市居民们的居住环境实在称不上好，对于需要丰富感性的儿童来说更是雪上加霜。只看居住环境，甚至可以称之为“家庭教育的危机”。

● 将“培养聪明孩子的街区”作为目标

小户型住宅和超高层公寓，本身没有什么问题。需要改变的是住在里面的人。人们可以用自己的双手和智慧，让这些住宅变成宜居空间。其中起到重要作用的是设计。例如，高层集合住宅中，可以建设“空中庭院”；多采取复式结构也能增加房屋的“洄游性”和通风采光问题得到改善。当建筑物整体取得了平衡，就能成为培养出“聪明孩子”的环境。一个例子是柯布西耶在20世纪40年代设计的马赛公寓，这座高度集中化的住宅中尝试使用了许多人性化元素，使得空间设置更为合理。

当然，房子也不是越大越好。根据以往的经验，“小而丰富”的住宅对孩子的成长最有利。所以，只要稍加改造，这些有缺陷的房子也能脱胎换骨。如果住宅狭小，就尽量营造出“游牧民式”环境；如果是高层，可以通过减少房屋数量的方式，打造通风良好、沟通顺畅的开放式空间。

归根结底，为了提升人们的居住质量，就要跳出“家=住宅”的窠臼，从更大的街区层面考虑。例如，在高层住宅集中的地段，增加公园的数量——不是那种敷衍了事的公园，而是能够还原自然、让人们真正接触到土地气息的公园，让那些本来生活在城市、没有太多机会出游的孩子们，感受到乡村的气氛。

针对小户型的独栋住宅，可以将其组合成小群体，发挥其优势。例如每栋房屋的体积、间距、出入口设计、色彩搭配、建材选择、景观设置等，在这些方面下功夫，打造富有魅力的街区，让居住在其中的人们感到幸福。

至此，对于“培养聪明孩子的住宅”“培养聪明孩子的街区”的话题，我们已经讨论完毕。读到这里的您，应该已经意识到住宅和居住环境可以给孩子们提供更好的条件与更多的机会。

让我们一起打造孩子们安全游戏、快乐学习的环境，并以此为契机，令大家的居住环境都得到提升。最后，希望每一个孩子都能健康成长。